真正的修行

发现纯粹觉知的自由

［美］阿迪亚香提 著

奥西 译

True Meditation: Discover the freedom of pure awareness

华夏出版社
HUAXIA PUBLISHING HOUSE

图书在版编目（CIP）数据

真正的修行：发现纯粹觉知的自由 /（美）阿迪亚香提著；奥西译. —北京：华夏出版社，2015.2（2024.5重印）

书名原文：True Meditation: Discover the Freedom of Pure Awareness

ISBN 978-7-5080-8390-2

Ⅰ.①真… Ⅱ.①阿… ②奥… Ⅲ.①人生哲学－通俗读物 Ⅳ.①B821-49

中国版本图书馆CIP数据核字(2015)第012378号

True Meditation: Discover the Freedom of Pure Awareness by Adyashanti.
©2006 by Adyashanti.
All rights reserved.
Simplified Chinese Copyright© Huaxia Publishing House 2015.

版权所有，翻印必究
北京市版权局著作权登记号：图字01-2011-3288

真正的修行：发现纯粹觉知的自由

作　　者	[美] 阿迪亚香提
译　　者	奥　西
责任编辑	王占刚　陈　迪
出版发行	华夏出版社有限公司
经　　销	新华书店
印　　刷	三河市少明印务有限公司
装　　订	三河市少明印务有限公司
版　　次	2015年2月北京第1版　2024年5月北京第6次印刷
开　　本	710×1000　1/16开
印　　张	10.75
字　　数	67千字
定　　价	29.90元

华夏出版社有限公司
网址:www.hxph.com.cn 地址：北京市东直门外香河园北里4号 邮编：100028
若发现本版图书有印装质量问题，请与我社营销中心联系调换。电话：（010）64663331（转）

目录

推荐序 / 001
安住于觉知的空间 / 003
编辑前言 / 009

第一部分　顺其自然 / 001

结束与心念的争战 / 003
天真的态 度 / 007
放下操控 / 011
穿越修行者 / 017
修行技巧有什么价值吗？ / 021
真正的修行从安住于自然状态开始 / 025
信心的终极表现 / 029
坐姿与眼神 / 035
无为之为 / 039
我们的天然倾向就是去开悟 / 041

把你内心的一切都呈现出来 / 045
恐惧常常是入门之道 / 049
走出头脑，走进感觉 / 053
觉知是动态的 / 057
以修行的方式生活 / 061

第二部分 自我质询 / 069
我是如何找到自我质询法的 / 071
什么样的问题具有觉醒的威力？ / 079
我是谁或我是什么？ / 083
减法之道 / 087
谁在觉知？ / 093
超越性认知 / 097
自然的和谐 / 101
大包容 / 105
留意在你身上什么是保留不变的 / 111
走进神秘 / 115
开始真正的灵性之旅 / 119

阿迪亚香提访谈 / 123
译后记 / 149

推荐序

在真正和谐的人生里，融洽的不仅是你与周围人之间的关系，更是你与自然、宇宙的关联。做如是实相的爱人，尽管对此刻的你来讲还很陌生，但这却是活出最有能量的自然人的正途，也是阿迪亚香提这位后禅宗大师要奉献给你的真知。

张德芬
身心灵作家

安住于觉知的空间

你一直在努力想要把自己变成另一个人吗？变成一个理想中的、想象中的、事实上从不曾有谁见过的自己？——通过对抗、通过改变，甚至通过狡猾地"接受"。

你一直在努力成长、努力上课、努力静心、努力来获得某种特殊状态吗？你幻想在那种状态里，你可以获得新的身份，让自己感觉良好，或者让自己意识不到纷乱的思想、起伏的情绪、无聊感、自我怀疑、恐惧与焦虑、愤怒和空虚，以及没有价值感，等等——虽然这些"幽灵"总是会不时地回来。

也许你参加过不同的课程或是静修营，获得过特别的经验与感受，你还认真地把它们分享给别人听。然而如果你诚实地问问自己，你是否中了"只报喜不报忧"的毒呢？你是否竭力把自己感觉良好的那部分当作是"对的自己"，是可以展现给别人看的，而把不想提及的那部分当作是"错的自己"或是"需要被消灭的"？

在你面前仿佛有两条完全平行的路，你在努力地打扫其中的一条路，并且幻想着另一条路上的杂草会因此而自动消失。当然，这从来都没有发生过！平行是没有交集的，平行意味着你的牙床肿了，你却拼命在吃安眠药，为的只是拖延时间，不让症状与解决方案相遇。

每一个踏上心灵之途的人，都在某个阶段做过上述尝试。事实上，这是一个不断重复出现的现象。不要过早就乐观地认为，自己早已经完全对此有免疫力了。简单来说，我们这样做只不过是想要操控我们自己的经验，或者说是我们不想要放弃那一个内在的"操控者"。

阿迪亚香提告诉我们，当他自己以这样的态度修行时，他发现修行只不过是提供给他一条以失败而告终的路而已。假如你的成长之道或修行之路也是这样，那么本书就是一个非常及时的提醒与启示。你可以把它当作一面镜子，用它来照照自己，看看到底哪里出了问题。

本书并没有提供技巧，因为一切技巧都被"操控者"利用了。本书关心的不是你在使用什么技巧，而是你使用的技巧有没有被染毒。事实上，本书是在分享一种不同的视角：让我们想象一下，一个疯狂的魔法屋，屋里有许多家具，你觉得其中某些家具看起来不对劲、不搭调，所以你挪动它们，保留这个，扔掉那个……没完没了。令你气馁的是，总是有新的、不对劲的、不搭调的家具会自行出现。于是，你根本没有时间享用屋子，你只是不停地在与家具搏斗。

这间魔法屋就是你的心，而这些家具则是各式各样的想法、情绪、感受、性格、期待、恐惧、憧憬、担忧、过去、未来……它们占据了你全部的注意力。当你的注意力只集中在家具上的时候，你就忘了屋里的空间，你忘了空间才是你得以生活的处所。正因为有了空间，你才能摆放家具并且移动家具。所以，问题的关键不在于如何处置家具，而在于你有没有足够大的空间？

设想你只有50平方米，那么，如何放置这么多风格迥异的家具，肯定是你全部的烦恼与焦点所在。但是，假如你有500平方米、5 000平方米呢？或是5万平方米？家具就不再是问题，因为它们可以被安放在不同的地方，并安然于自己的特色。进一步，你甚至不再揪心于家具的摆设，因为你的视野可以注意到更多的事物。你注意到花园里的树木、清晨泥土的清香、爬过阁楼的蚂蚁、在不远处入定的猫、满天的乌云、半道彩虹、汽车尾气的轮廓、一对相拥的恋人、正冲着你天真傻笑的孩子……你发现到处都有空间：在桌椅间、在抽屉里、在水杯中、在花瓶外、在拖鞋里、在抽水马桶上；在室内，也在户外。整个天空都是连成一片的。同样，你注意到每一个念头、情绪、感受、感觉的背后，有着同样广袤的空间，这个空间让一切得以发生。那个广袤的意识空间，就是我们的觉知！

到目前为止，我们都给予了家具太多的关注，而忽略了整个空间是足够宽敞的。到目前为止，我们总是随时随地"牺牲"在经验里，而忘了发现那个让一切经验得以呈现的、先于经验并且能够意识到不同经验的觉知之心。阿迪亚香提说："真正的修行就是安住于觉知的空间，在其中，万事万物得以被揭示、被了知、被经验。如此一来，它就可以放下它自己。"这本书正是告诉你如何发现足够的空间以及其中的一切，如何单纯地安住在纯粹觉知本身——通过不操控、通过放开注意力的焦点、通过随顺念头与感受的自然呈现与流动，让心绪的"家具"不再变成是你的敌人。

然而，我们并不需要带着操控式的努力，力图借此达到"不操控"的结果。相反，我们只需要打开固执的信念，投降于一个新的可能性。带上我们实际所是的样子，而非我们认为我们应该是的样子，开始这个旅程。甚至带上我们的问题与困惑，带上鬼鬼祟祟的、一直失败却一直假装就快要成功了的"操控者"，放掉那个努力想要符合什么标准的保护伞，允许阿迪亚香提的话语化成一阵雨，我们只管走进雨中，让它把自己从内到外彻底淋湿。

宁偲程（Sakshin）

Akhaldan 聚落（www.akhaldan.cn）创立者

葛吉夫律动（神圣舞蹈）带领者

编辑前言

我们每个人的生命就像是一个灵修的实验室,在这个实验室中,我们把获得的启示放到我们自身体验的火焰中加以测试。最终,真正重要的不是别人告诉我们的真理,或者我们可以模仿的修行,而是我们通过亲身探询而获得的灵修证悟。

在我第一次跟阿迪亚香提讲话的时候(他名字的字面意思是"原初的宁静"),我知道跟我讲话的是一个有着自身真实体验的老师。虽然他已经从禅宗中觉醒,但是他是在自己的禅宗老师阿维·尤斯蒂的长期鼓励下，才在 1996 年——他 34 岁的时候——开始教导。听说人们常常在他的现身下经验到突破性的证悟，我就将他的教导投入到我个人生命的灵修实验室中。

因此，在 2004 年的 11 月，我参加了阿迪亚香提的五天静修营。在静修营中，阿迪亚香提作了讲话，在讲话中学员们有机会提出自己内心最深处和最关切的问题，并当众跟阿迪亚香提交流。我们每天也会进行四到五个小时的静坐。在这段时间中，我们进入了阿迪亚香提所说的真正的修行。在这个静修营的静坐中，我们接收到的基本指导是三个字：不操控。

作为一个历经二十多年时间、参加过各类静修营和试验过几十种不同修行方式和方法的人，我对这三个字还是感到有点困惑。"不操控？就这样？"我可以垂下脑袋吗？我该如何对待重重杂念？这真的是一种修行的方式吗？还是只不过是阿迪亚香提为我们拓展出的一片心灵空间？"真正的修行"究竟是什么意思？

除了"不操控"的指导之外，我们还收到一页供我们阅读和沉思的文字。"感谢上帝，"我想，"除了我之外，这里的每一个人对阿迪亚香提及的方法可能都很熟悉，但我需要更多的信息。"这页纸或许有用。以下就是纸上的内容：

真正的修行

真正的修行没有方向、目标和方法。所有方法的目标都是为了到达某种境界。所有境界都是有限、无常和有条件的。痴迷于境界只会走向束缚和依赖。真正的修行是安住于基本意识。

当觉知不固着于感知对象身上的时候，真正的修行就会在意识中自发地呈现出来。当你刚开始修行的时候，你注意到觉知总是聚焦于某个客体上面：思想、感觉、情感、记忆和声音等。这是因为心念受到制约，习惯于在客体身上聚焦和紧缩。接着心念就会以一种机械而扭曲的方式，强迫性地解说它所觉知到的（客体）。它从中得出结论，并根据以往的经验作出预判。

在真正的修行中，所有的客体对象都是放任自流的。这意味着，对任何觉知的对象都无需实行操控和压制。在真正的修行中，重点是在觉知上：不是在觉知到的客体上，而是安住于基本觉知本身。基本觉知（意识）是所有客体升起和沉没的源头。当你在觉知和聆听中轻柔地放松下来时，心念围绕着客体的紧缩感就会消退。存在的静默就会更清晰地进入到意识中，并在那里休憩和扎根，不再有任何目标和期待，一种开放和接受的心态就会渗入到缄默和静寂的质地中，于是你自然的本性便会从中显露。

缄默和静寂不是某种境界或状态,所以也就无法被制造或创造出来。缄默是所有状态在其中升起和蛰伏的所在,是"非状态"。缄默、静寂和觉知不是状态,如果把它们看做客体对象,我们将永远也不能够完全地看清它们。缄默自身是没有形式与属性的永恒观照。当你越来越深入地安住于观照之中时,所有的客体就会顺其自然地运行,而觉知就会渐渐变得脱离头脑的强迫性紧缩和认同,回归到它自然的非状态"临在"中。

然后那个简单而深奥的问题"我是谁"就会揭示出,一个人的真我不是自我和人格下的无尽暴政,而是没有客体对象的自由存在——那个基本意识,在它上面来来去去的各种状态和客体都是你永恒无生真我的外在表现。

我将这份指南折叠起来，插入牛仔裤的口袋中，开始了为期五天的静修营。在这五天中，我在做我之前熟悉的禅坐时，不作任何操控，任自己沉入放松、聆听和存在的海洋中。但在静修营结束的时候，我不得不承认，我心中出现了更多的问题，而不是答案。修行中的技巧和方法扮演了怎样的角色？这种方法是否对所有层次的修行者都有效，或者只是对已经具有多年静心经验的资深修行者才有效？应该采用怎样的坐姿？如何对待在禅坐中经常出现的身体疼痛和情绪痛苦？

带着这些问题，我询问阿迪亚香提是否愿意和真音出版社一起制作一个有关真正的修行的课程。他同意了，这本书就是我们的合作成果。我交给阿迪亚香提一张问题单子，他就以真正的修行为主题对这些问题作出了回应，为此他作了两个开示：一个是讲"随顺万物"的，一个是讲"修行中的自我质询"的。

  阿迪亚香提认为，灵修上的发现需要自己去证悟。重要的不是他人对你的肯定，而是你在自身存在中所体认到的。我希望这本讲述真正的修行的书能推动你在自我发现旅程上的进步，并使一切有情众生受益。

塔米·西蒙

真音出版社出版人

于科罗拉多州博尔德市

二零零六年五月

第一部分 顺其自然

我们将重新审视修行这个名词,什么是修行,我们为什么要修行,以及修行可以达成什么。在这里,我想要探究的是:什么是我所称的"真正的修行"。根据我的描述,你将渐渐明白,实际上它具有特定的含义,跟大部分人通常听说的有很大的不同。但是请让我首先从一些个人经验开始讲起。

· 结束与心念的争战 ·

如果你想要赢得跟心念的争战,你会永远处在争战中。

我的传承是佛教禅宗，在禅宗中，禅坐作为基本修法有着很长的历史。禅宗要求你一天中花一定的时间在端坐的姿势中修行。通过许多年的禅坐实修，我发现自己并不特别擅长于此。我觉得很多人在开始禅坐的时候做得并不好——他们头脑中有很多杂念，身体想要伸缩活动，他们很难安静下来。因此，我的经验是，一开始的时候禅坐实际上对我来说是很难做的。同时我也发现对很多人来说也是如此。

我在家里和不同的静修营里禅坐。在家里，我会每天坐大约半个小时或一个小时，有时候更长。我会在静修营里花多得多的时间禅坐。但是我的禅坐实际上常常是什么都像，就是不像在修行。其中有很多挣扎，很多想要平息杂念、控制思想的努力，以及很多想要安静下来的尝试，大多时候这些不会奏效——除了一些神奇的时刻，那时修行似乎自然地发生了。因为我起初对禅坐并没有什么特别的天分——可以控制自己的念头并进入禅修状态，几年之后，我意识到我需要找到一种不同的修行方式。正是在这个时候，我才开始了解什么叫"真正的修行"。

有一天，我在跟我的老师讲话，她说："如果你想要赢得跟心念的争战，你会永远处在争战中。"这句话真正触动了我。那个时刻我意识到，一直以来我都将禅坐看成是跟头脑的争战。我想要去控制自己的心念，平复自己的心境。我突然之间想到："天哪，永远是无比漫长。我必须以一种完全不同的方式去看待这个问题。"如果我继续这样禅坐，那就意味着我将无限期地跟我的头脑争战，我需要找到一种不跟头脑争战的方式。不知不觉中，我开始探索一种安静而深入的修行方式：怎样不跟自己的头脑、不跟自己的感觉、不跟自己内心的全部体验发生争战。

我开始以一种不同的方式禅坐。我放下了禅坐应该如何的观念。我心中有着很多关于禅坐的认识。它应该是平和的，我应该感受到一种特殊的体验，主要是宁静。禅坐应该将我带入到某些深远的境界。但是因为我不能掌握所学的禅坐技巧，我不得不找到一种不同的禅坐方式，一种不以技巧为导向的修行方式。因此我会坐着，只需沉入内心并顺其自然。我开始放弃想要控制自身体验的努力。这就是我开始为自己找到"真正的修行"的开端。从那时起，这一转变——从想要完善一个技巧或训练转变到放下任何技巧或训练——照亮了我的修行之路。

·天真的态度·

在修行上我们需要一种开放的态度，一种真正天真的态度，也就是一种没有受到个人经历、文化环境、媒体或各种修行传统和宗教传统所影响的态度。

我们对于修行的观念通常受我们的过去所制约——我们曾经了解到或认为它是什么样的，我们认为修行应该达成什么样的结果，等等。有些人修行是为了身体或心理健康，或者是为了让身体或心灵平静下来；有些人修行是为了打开身体中的能量通道——通常被称为脉轮；有些人修行是为了培养爱心和慈悲心；有些人修行则是为了达成意识的更高境界；另一些人修行是想要获得灵性或通灵的能力——他们称之为"神通"。然后，还有一种修行是为了帮助灵性觉醒和开悟的。这种修行——有助于灵性觉醒和开悟的——就是让我真正感兴趣的修行。这也是"真正的修行"的所有内涵。

它跟一个人是修行路上的新人还是老手没有什么关系。我发现，过往的历史并不会造成任何差别。重要的是，我们用什么态度进入修行。最为重要的是，在修行上我们需要一种开放的态度，一种真正天真的态度，也就是一种没有受到个人经历、文化环境、媒体或各种修行传统和宗教传统所影响的态度。我们需要以一种新鲜而天真的态度接近修行。

作为禅修老师，我碰到过不少修行时间很长的人。我从这些人那里听到的最多的事情之一就是，尽管修行了这么长时间，但是他们都感到自己实质上没有发生任何转化。很多人，甚至那些长年累月的修行者，都被挡在了开悟的门外，内在根本的转化没有发生在他们身上。为什么有些修行（包括我自己曾经做的那些修行）不能帮助你获得它所承诺的转化？这背后其实有一些很实在的原因。主要的原因实际上非常简单，但也因此而容易被忽略：我们的修行取向是错误的。我们的修行态度是操控式的，这就是修行将我们带入死胡同的真正原因。开悟的境界也可以被看成是一种自然的境界。操控怎么可能将我们带入自然的境界呢？

重要的是，我们用什么态度进入修行。

· 放下操控 ·

真正的修行无关技巧的掌握，它是对控制的一种放下。所有其他的东西实际上都是某种形式的专注而已。

从根本上说，开悟无非是存在的自然状态。抛开那些复杂的语汇，开悟的本质就是回到我们自然的存在状态。显然，自然的状态是一种没有干预、无需通过努力或纪律来维持的状态，是一种并非通过身心的控制而达成的状态，换言之，那是一种完全自然、完全自发的状态。就在这一点上，我们可以看到为什么修行常常将我们带入到一个死胡同。你仔细看，就会发现许多修行的技术实际上是一种控制的手段。只要头脑在控制和指引着我们的体验，你就不可能进入到自然状态。自然状态是一个人不被头脑控制的状态。当头脑处在控制和操纵之中的时候，它可以达成各种各样的意识状态：你可以学习如何使自己的心念安静，或者你也可以变得能够通灵。通过某种基本上属于技巧取向或操控取向的修行方式，你可以做成很多事情，但是你无法做到的是达成自身存在的自然、自发的状态。

这似乎是这个世界上最为显而易见的道理。任何人都可以告诉你，通过内在的控制和操纵，你无法达成自然、自发的存在状态，然而，不知为什么，我们总会无视这一道理。很多年来，我也曾对此视而不见。问题并不一定发生在修行方式甚至修行技术身上，尽管采取什么样的修行技术确实会对我们产生深远的影响。问题在于我们看待修行的态度。如果我们的态度是操控——如果我们采取的是想要去掌握一个戒律的姿态，那么，这样一个态度就会成为障碍。实际上是头脑或自我在那里修行。而当我们在谈论开悟的时候，我们事实上谈论的是从头脑中醒悟过来，从自我中醒悟过来。以此，我称之为"真正的修行"，即从一开始就放弃对头脑的操控和受训倾向。放弃操控是真正的修行的基础。听上去很有意思，修行最简单的起步就是放下控制，放下操纵。

大部分人坐下来想到的第一件事情就是："好吧，那我该如何控制心念？"那就是我所说的操纵。操纵是一个语气很强的词,我用它是为了引起你的注意,让你注意这样一个事实:每当我们坐下,我们就在问自己:"我如何控制我的头脑?我如何获得平静?我如何进入静默?"我们的头脑真正在做的是在问:"我如何控制自己使自己感觉更好?"你可以学着通过实施一些控制的技巧来控制自己,使身心得以安静。有一阵,这样做的感觉还挺好的。但是,当我们为了获得一种平和宁静的状态而控制自己的头脑时,它就很像通过为了让某个人安静下来而封住他的嘴。你成功了,他安静了下来,但是你是通过一种操纵的技巧来完成的。只要你将胶带从他的嘴上撕下来,他就会有一些话想说,对不对?事实上,他会有很多话想说!我认为任何修行过的人都了解那种进入禅修状态、获得某种控制身心的经验。这可能感觉非常非常好,甚至是一种深不可测的感受。但是随后你停止了修行——你从坐垫上起身,站了起来,你的头脑马上又开始窃窃私语。我们通过控制经验到某种平静，但是一旦我们放下控制，杂念又会卷土重来，一切又回到了从前。大多数修行者对这样的一个困境都相当熟悉。我们在修行的时候可能会达到某种平和的状态，但是在停止修行的时候，那种平和就会再次远离我们。

真正的修行无关技巧的掌握，它是对控制的一种放下。这才是修行。所有其他的东西实际上都是某种形式的专注而已。修行和专注是两回事。专注是一种纪律，专注是引导或控制我们的体验的一种方式。修行是放下控制，放下引导我们的体验，不管那个体验是什么。真正的修行的基础就是放下控制。

对人类而言，放下控制实际上是一件天大的事，"只需放下控制"这句话说起来容易做起来难。对大多数人来说，我们整个的心理结构、整个的心理自我、我们的自我几乎都是由控制所组成。所以，要求头脑或自我放下控制是一个具有革命性的想法。当我们放下，哪怕是片刻，一些隐藏的恐惧和犹豫就会生起，头脑会想："如果我放下控制会发生什么？如果什么也不会发生呢？如果我们坐下来修行，随顺万物，如其所是，而结果是一事无成呢？"这就是为什么我们常常会抓住一些技巧或纪律不放的原因，因为头脑害怕放下控制就会一事无成。

在"真正的修行"中，我建议我们真正地去"看"，将修行看成是一种观照的方式。"真正的修行"事实上并不是一种新的修行技术，它是一种观照自身的方式——观照你自己的身心、你自己的真实性、你自己经验的真实性，在你开始放下控制、随顺万物自行其是的时候，看看会发生什么。当你允许自己的经验如其所是而不作任何改变的时候会发生什么。与其说它是一种技术，不如说它是一种观照的途径。在我们真正放下操控的时候会发生什么？

·超越修行者·

从觉醒的角度——悟到我们的本性——来看修行,我们必须超越那个修行者,超越那个控制者,超越那个操纵者。

真正的修行的第二个方面是禅式的自我质询。禅式的自我质询是通过引入一个问题——一个有力量、有意义的灵性问题——而使内心进入禅境的一种修行实践。我们不单是问询那些古老的问题，我们问询具有真正价值的问题，它们具备穿透条件制约的重重表层直达本性的威力。我们可以问询的最为有力的问题是："我是什么？谁是那个修行者？"这个问题切断了自我想要控制经验的通路。它问的是："谁在控制经验？谁在禅修？"让修行超越修行者——超越自我或头脑——的主要理由就在这个问题中。只要修行者还在控制，超越自我或头脑的可能性就微乎其微。这就是为什么在"真正的修行"中修行就是放下那个修行者的原因。修行的最初一刻就是一个放下控制和随顺万物的邀请。这样的修行脱离了修行者。如果说修行者还在那里做什么，那么，他所做的就仅仅是放下控制，放下想要改变的企图。

当我讲"修行者"这个词的时候,要意识到修行者指的是那个在控制的人,意识到这一点很重要。修行者是那个在努力的人——那个操纵者,那个在用力的人。在大部分修行形式中,修行者都发挥了很大的作用。头脑一直在找事情去做,找事情去掌握——头脑喜欢有事情可做!它喜欢有事情可以去掌握,因为那样它就可以始终处在控制的位置。但是从觉醒的角度——悟到我们的本性——来看修行,我们必须超越那个修行者,超越那个控制者,超越那个操纵者。

修行的最初一刻就是一个放下控制和随顺万物的邀请。

・修行技巧有什么价值吗？・

只有当我们开始放下这些技巧的时候，当我们开始放下这些专注的时候，我们才能亲近我们自然的存在状态。

很多人，包括我自己，都来自于各种传承，这些传承都把修行作为一个技巧来教。我们被教以各种各样的控制方式，例如，专注于呼吸或专注于身体的各个部位。在禅修中，我们常常将意念集中在肚脐稍稍往下的地方。我们常常被教导要以某个特定的姿势坐着，背部挺直，并以某个特定的方式进行呼吸。这些技巧和规则已经传承了几百几千年了。当然，我并不是说它们毫无价值和益处，它们有其价值和益处。然而，我想说的是，只有当我们开始放下这些技巧的时候，当我们开始放下这些专注的时候，我们才能亲近我们自然的存在状态。通常，这些技巧会遮蔽意识的自然状态。在我带领一个静修营的时候，我常常在一开始这样说：我知道不同的人有不同的修行方法。有些人将意念放在呼吸上，有些人念诵曼陀罗，有些人进行深呼吸，有些人进行观想。我对他们说，在修行一开始时运用这些技巧是没问题的，它们以适当的方式将意念带到当下。它们让你可以聚集起心灵的力量和大脑的资源，使之汇合到此时此地。但是，我还是建议，在任何一个指定的修行阶段，我们都要将时间花在放下我们所使用的技巧上面。如果我们追随自己的呼吸，我也要尝试在我不再追随呼吸的时候会发生什么。在我放下观照头脑或者不再念诵的时候会发生什么？这些技巧可以帮助我们将意念集中于当下一刻，这就是它们的基本价值。但是一旦我们的意念回到了当下，那个放下这些技巧的邀请就向我们发出了，我们就可以开始观照自己存在的自然状态。

我经常发现，一不小心，这些古老的传承和技巧本身——其中很多我自己就曾学习过，它们具有很大的价值——就成了目的，而不是达成一个目的的方式。人们最终得到的只是一个规则。他们最终就只有年复一年地观照自己的呼吸，在观照呼吸的技巧上变得越来越完善。但是最后，灵性并不是关于呼吸的观照，它是关于从分离的梦境中醒悟过来走向一体的真相。这就是修行的本意，如果我们太过坚持技巧，我们就会忘记这一点。因此，我们可以在开始的时候运用一些小技巧，观照一下呼吸，念诵一点曼陀罗，作一下观想。但是我总是建议我们应该相对尽快地转到随顺万物时会发生什么的好奇上来。就在这个关节点上，我们开始从头脑的控制那里转变到"真正的修行"中去。这是一个革命性的转变。我碰到的许多人都忘了这个转变，忘了让这个转变发生。他们已经忘了，当你可以——并且应该——放下控制的时候，那个转折点将会较快地到来。

· 真正的修行从安住于自然状态开始 ·

那个我想要得到的平和与宁静早就在那儿了。我需要做的只是停止试图获得它们的努力。

在真正的修行中，我们从随顺万物、如其所是这一基础开始。在真正的修行中我们不是趋向自然状态，或者试图创造一个自然状态，我们起步时就从自然状态开始。这就是多年之前当我开始放下那个修行者、那个控制者的时候，当我坐下来只是随顺万物、如其所是的时候所获得的领悟。我很快认识到的是，那种我想要得到的平和与宁静早就在那儿了。我需要做的只是停止试图获得它们的努力。我需要做的一切就是坐下来，允许我的经验如其所是。

就像大部分人一样，我坐着有时候感到美好而平静；也有些时候我会烦躁、不安和焦虑；有时候我会悲伤，也有些时候我会快乐。我坐着的时候感受到所有那些不同的人类情感。我领悟到的是，当我允许我的经验如其所是，而不去作出改变它的努力，就会有一种存在的自然状态开始从底层涌到意识中来。一种未受污染的、非刻意而为的意识状态开始生起，它极为简单、极为自然。我把它称为意识的天真状态，因为它并非来自于努力或训练。我发现，我们的自然状态不是意识的一种转化状态。这么多人都将修行跟转化了的意识状态联系在一起，但这是对于修行潜质的一种很大的误解。我在这里讲的这个潜质就是开悟，悟到你和万物真正是什么，悟到万物一体。我们被教导说，或者我们假设说，领悟到万物是一体的、领悟到你不是分离的就是进入一种意识的转化状态。不过，真相正好相反。领悟到万物一体不是一种意识的转化状态。它是意识的一种未被改变的状态，是意识的自然状态。作为对比，其他万物恰恰是一种转化状态。

在我们想到修行的时候，我们需要放下这样一个观念，认为开悟是一种我们可以通过某些方法获取的意识的转化状态。实修者都知道，如果你修行得足够用功，修行时间足够长，你偶尔会进入到意识的转化状态。它们形形色色，各不相同。快乐是一种意识的转化状态，悲伤是一种意识的转化状态，抑郁也是一种意识的转化状态。当然，还有各种意识的神秘状态：跟宇宙合而为一是一种意识的转化状态，感到自己意识的扩张也是一种意识的转化状态。世界上存在着各种各样意识的转化状态。大部分人都认为开悟是某种意识的转化状态。这是一个很大的误解。开悟是意识的自然状态，是意识的天然状态，是那个没有被头脑的运动所扰乱的、没有被头脑的操控所污染的状态。这就是开悟的真正含义。我们不能通过操控达成我们的本性，我们不能通过试图改变而超越那个我称之为虚假身份的自我，我们只有通过听任自己从一开始就安住于自然状态才能将意识从对思想、情感、身体、头脑和人格的认同中醒悟过来。

· 信心的终极表现 ·

从某种意义上讲,真正的修行是信心的终极表现。因为坐下来顺其自然——放下控制,放下操纵——本身就是信心的极致表现。它同时也是观照的极致表现。

觉醒并非来自于任何理智上的了解。我们无法透过言词、概念、观念或者神学来达成我们的本性。它们都不能揭示我们的真实本性。极为重要的一点是，要认识到，当头脑想要去了解的时候，当头脑试图对终极现实有一个理智上的把握的时候，那只是头脑企图维护其控制地位而已，它也需要被放下。这并不是说头脑在觉醒中没有什么作用，这同样是一个普遍的误解。头脑扮演了一个必不可少的角色。思想本身扮演了一个重要的角色。后面我会谈到如何在觉醒探询的时候运用头脑。在觉醒探询中，我们运用头脑实际上是为了超越头脑。

所以，我并不是在说头脑在根本上是一个问题，我们对头脑的执著才是一个问题。透过概念和观念去寻找真相、寻找平和、寻找那个让我们获得解脱的东西，那是在追逐幻觉。当我们放下思想着的头脑时，我们就打开了自己的悟性——这在灵修中被称为"启示"，也可以说是智慧和灵光的闪现。它出现在头脑中，但并非源于头脑。这是一种"啊哈"式的体验——一种瞬间的领悟。当你说"啊哈！我明白了"，这跟逻辑思考没有关系。只是有什么东西好像在头脑和身体中留下了痕迹，具有某种"启示"的意味。所以要达到这一层次的悟性，我们需要开始放下控制，甚至放下头脑上的控制。我们进入存在的一种自然状态。从某种意义上讲，真正的修行是信心的终极表现。因为坐下来顺其自然——放下控制，放下操纵——本身就是信心的极致表现。它同时也是观照的极致表现。

当我们真正放下这样的控制的时候，会发生什么？当我们放手让万物顺其自然的时候，会发生什么？这一问题是所有修行的基础。在我们最彻底地、最全然地随顺万物之前，我们还是处在控制的局面中。在真正的修行中，在真正的灵性中，我们从一开始就打算放下这样的控制。我们不准备把能量灌输到自我、头脑和控制者那里。事实上我们正在放下的就是努力本身,这对大部分人而言都是一个革命性的观念——我们可以将放下努力作为一种修行的方式。这并不表明我们想要偷懒或者想去睡觉,而是,放下控制、随顺万物是放下努力的一个手段。所以当我说放下控制、随顺万物时,跟说放下努力是一个意思。我们去找出在放下努力、放下训练的时候,我们的意识会发生什么变化。我们可以慢慢开始在自己的体验中看到某种生命的活力在意识中显现。仅仅因为放下了控制和努力,我们内在就像打开了一盏灯。一些天然、美妙、未受污染的东西开始在意识中升起,它完全是自发显现的。这跟我们大多数人所受到的教诲有着很大的不同。我们被教导说,要进入意识的自然状态,我们必须学着控制和约束自己,而我说的正好相反。通过放下努力,放下努力,你进入到自然的状态,并安住于那鲜活的境界中。这极为简单,没有比这更简单的了。坐下，随顺万物。你甚至可以在一开始就问自己一个非常简单的问题："那种我试图通过禅坐获取的平和与安静是否早就在此时此地？这是真的吗？"然后你自己去看。当我们观照自身，我们会明白：是的，千真万确，平和与安静完全是自然的状态，它一直就在那里。那一刻，你需要做的就是注意到它，并将自己交给它。当你将自己交给那种已然存在的平和与安静时，看看会发生一些什么。这就是观照。

通过放下努力,你进入到自然的状态,并安住于那鲜活的境界中。

· 坐姿与眼神 ·

开悟可以在一个坐得笔直的修行者身上发生,也可以在一个坐相显得松松垮垮的修行者身上发生。修行者可能坐在室外的椅子上,或者只是不经意地坐着。

在介绍这个真正的修行的教法的时候,我被问到最多的一个问题是坐的姿势是不是很关键。禅坐的时候是需要挺直脊椎呢,还是可以放松地坐在一个舒适的椅子或沙发上?我的回答是,最好不要躺着——因为人们一躺下来就容易睡着,除此之外,以什么姿势坐着对我来说并不重要。我知道很多传统修法都注重身体的姿势。我学过的禅宗就相当注重坐姿。对坐姿的注重是有其道理的。某些姿势真的可以帮助我们将身体和情感打开。当我们的姿势是开放的,当我们的脊椎挺直、双手没有在前面交叉着时,我们就会感觉更为敞开。这样一个姿势具有天然的开放感。灵修传统运用各种各样的姿势来培养一种内在的开放感和一种开放的态度。但是多年来我发现,虽然姿势是有用的,但是常常出现的情况是修行者的头脑太专注于完善和维持某个特定的姿势,以至于无法引导到开放的心态。相反,它常常导致对姿势准确度的过分敏感。

同样，这依然跟态度有关。重要的是我们要以一种轻快、开放和放松的态度看待修行。我们必须放下那个认为只有姿势准确才能开悟的观念，因为那并不正确。开悟可以在一个坐得笔直的修行者身上发生，也可以在一个坐相显得松松垮垮的修行者身上发生。修行者可能坐在室外的椅子上，或者只是不经意地坐着。同样，重要的还是我们修行的态度。我们心态开放吗？我们坐得轻松吗？我们的取向是否很简单？换句话说，我们的姿势是否让我们忘记了身体？是否让我们不用去牵挂它，而是顺其自然？

人们常常问我的另一个问题是：他们应该睁着还是闭上眼睛？各种修行传统会强调不同的事情。有些传统说你应该睁着眼睛修行，而另一些则鼓励你闭上眼睛修行。作为一个教师，我更感兴趣的是那个牵引你的是什么东西。在你将你认为应该做的、不应该做的事情放在一边的时候，是什么在牵引你？在你将从别的地方学来的权威修法放在一边，而跟与你真正贴合的东西（而不是其他什么事情或其他什么人加在你身上的）重新建立联系的时候，又是什么在牵引你？我们许多人具备如此多关于修行和教法的知识，以至于脱离了跟自身休戚与共的自然、自发的智慧。所以，我总是从一开始就尝试重建人们跟自己密切贴合的智慧之间的联系。对你来说，什么是对的？如果你想要在修行的时候睁开眼睛，那就睁着；如果你愿意闭上，那就闭着。试验一下，在两者之间转换一下看看。如果你困了，那睁着眼睛就是一个好办法。这样可以帮助你清醒一点。其他时间你让自己睁着眼睛，而你觉得它们想要闭上——不是因为你困了，而是因为它们就是想要闭上。如果它们想要闭上，那就让它们闭上。好好体会你自己的方式，跟自己的体验保持贴合。

· 无为之为 ·

无为并不表示没有努力,无为意味着为保持鲜活、处在当下、处在此时此地的那份恰如其分的努力。

另一个常常被提出的问题跟有为和无为有关。我常讲轻松和无为（不努力），有时候大家被我搞糊涂了，以为我是在让人变懒散。以无为的方式修行跟懒惰不是一回事，跟糊涂也不是一回事。事实上，当我和我的老师说到禅修时，她所给出的最美妙与深奥的开示是以一个问题的形式出现的：它是鲜活的吗？它是活生生的吗？这是一个很好的开示。如果我们只是以懒惰的方式无所作为，那我们的禅修就会陷入模糊与恍惚。这就好像处在一种迷迷糊糊的，甚至就像由毒品诱发的状态中。那不是我们所说的无为。无为并不表示没有努力，无为意味着为保持鲜活、处在当下、处在此时此地的那份恰如其分的努力，对此我们心中要明明白白。我的老师以前常常称之为"无为之为"。努力太甚，我们就会陷入紧张；努力太少，我们就会陷入恍惚。就在两者中间的某个地方，就是一种鲜活、清晰与明朗的状态。这就是当我建议人们不要做过多努力时的意思。你必须自己去衡量那个努力的合适程度。

・我们的天然倾向就是去开悟・

当我们放下自我的控制时,我们存在的天性就是去开悟。

当我们以我所描述的方式去修行——放下控制，随顺万物——时，我们的天然倾向就是去开悟。从生物学和心理学上看，我们就是要被导向开悟的。但很多人不知道这一点。当我们放下自我的控制时，我们存在的天性就是去开悟。

当然，会有来自不同修行传统的人们到我这里，当我建议他们放下他们的方法时，他们起初常常觉得心念有些散乱。这是正常的。当我们放下某些我们曾经抓得很紧的事物时，会发现这些事物往往想要逃跑。这就好比把你的狗拴在皮带上，当你把皮带解掉时，狗自然就会奔跑。我们的心念也一样。如果我们总是将自己的心念紧紧控制住，当我们将那个控制放开时，心念自然就会到处跑。但是就像把狗从皮带中放开那样，我们只是任其发生。你的狗或许会很快从你身边跑开，但是如果你等待一会儿，最终它通常还是会回到你的身边。同样，当你放下对心念的控制时，你的内心可能会在一段时间内比较嘈杂，但是如果你真正顺其自然，它就会自然地回到平和与安静的状态。

放下控制,随顺万物,我们的天然倾向就是去开悟。

・把你内心的一切都呈现出来・

我们通过让内心顺其自然、呈现它自己并被感受到、体验到、了知到而醒悟过来。

因为我们整个存在的天性就是要开悟，那么当我们全然地随顺万物，不作干预时，结果往往是，平日我们内心压抑的事情慢慢地浮现了出来。事实上，许多灵修者常无意识地运用其修行技术来压抑自己已经被压抑的内心。他们或许并不知道他们在这么做，但这却是事实。当我们放下，真正地处在开放中并随顺万物时，某些被压抑的东西浮出水面并不是一件异乎寻常的事情，虽然它的出现有时会令人大吃一惊。突然之间，你或许在修行中进入了愤怒或悲哀的情绪。你可能发现自己在哭泣，或是各种各样的记忆在你的意识中浮现，或是觉得身体疼痛。人们报告说在他们顺其自然的时候，身体的各个部分都会变得疼痛。当我们开始放下，那些需要浮上来的就会浮到表面。头脑或许不希望这些东西浮上来，就像我所说的，许多人不自觉地运用修行方法压抑他们的潜意识。当我们停止压抑的时候，我们的潜意识就开始浮现出来。

针对这些浮出表面的潜意识内容，我们该做些什么呢？什么也不用做。我们只需任其表现，无需对其进行分析。大部分浮现上来的潜意识都是我们内心未得到解决的冲突：我们从未曾允许自己去充分感受的情感、从未曾允许自己去充分体验的经验、从未曾允许自己去充分感觉的痛苦。所有这些都浮现出来了。这些我们内心未被解决的东西渴望被充分体验，而不是被驱逐到潜意识中。所以当我们被压抑的内容浮现出来时，我们要允许其浮现，而不是去压抑它。不作任何分析，我们允许这些感受在身体和存在中被体验到，任它们展现出来。如果你这样做了，你会发现，不管何种痛苦，无论是情感上的、心灵上的、身体上的、灵性上的，还是其他方面的，这些压抑的内容都会升起来，呈现出来，从而被我们体验到，然后消逝。如果它没有消逝，你就知道那里一定有抵制、否认或沉溺——认出这些是一件好事，因为它让你有机会再次去放下。

我们顺其自然并不意味我们的修行就一定会一帆风顺、平安无事。关键是开悟，不是吗？关键并不在于为了感觉良好而压抑自己。所以，重点在于如何唤醒自己，面对存在的真相，以及如何通过跟人类天性的沟通而唤醒自己，面对真相，而不是回避它。不是绕着它转圈。不是想要透过祈祷和唱诵而赶走它，或者透过禅修而赶走它。我们通过让内心顺其自然、呈现它自己并被感受到、体验到、了知到而醒悟过来。那时，也只有在那时，我们才能向更深的层面前进。这非常非常重要，很多人并不理解这一点。应用修行技术压抑人性的经验、压抑我们不想感知的事情是很容易的一件事。但是我们真正需要的正好相反。真正的修行是一个空间，在其中万事万物都得以被揭示、被了知、被经验。如此，它就可以放下它自己。

・恐惧常常是入门之道・

恐惧的出现并不总是意味着什么事情出错了。事实上,在灵修中,恐惧常常意味着事情开始走上了正轨。

我经常被问到关于恐惧的问题。恐惧往往是灵修的一个组成部分。当人们坐下来禅修的时候,恐惧会在某个时间点上升起,这并不是一件罕见的事情。尤其在我们致力于真正地放下控制的修行中,这种情况尤为多见。对大部分人而言,这样的修行会引发一定的恐惧,因为以自我为中心的头脑极为害怕失去控制,也害怕体会开放的感觉。在自我质询的修行中,当我们向内看并看到我们事实上并不是作为一个单独的个体而存在的时候,也会有很多种恐惧升起。

当头脑接触到未知,接触到某些它不了解的事物时,它就常常会进入恐惧的状态。我们经常被教导说恐惧出现时必定是哪里出错了,恐惧必定意味着危险。但在灵修中,牢记恐惧并不一定意味着危险是很重要的。实际上,恐惧常常意味着我们将进入我们内心的更深处。所以,假如恐惧升起,最明智的做法就是任其升起,并且在你体内感受它，意识到你的头脑倾向于围绕着恐惧编造故事和观念，并识别出这些故事并不真实。体验那种恐惧，因为恐惧往往是入门之道。你必须穿越它。当你愿意穿越它的时候，去体验它，看看它的背后是什么，更深入地了解它，那样恐惧就会体现它的价值。恐惧的出现并不总是意味着什么事情出错了。事实上，在灵修中，恐惧常常意味着事情开始走上了正轨。

体验那种恐惧，因为恐惧往往是入门之道。

· 走出头脑，走进感觉 ·

真正的修行就是走出头脑，走进感觉，真正去感受我们的感受。

真正的修行就是走出头脑，走进感觉，真正去感受我们的感受。我们聆听周遭正在发生的事，而不是只听见自己的所思所想。我们看见眼前的事物，而并非被我们头脑中运转的小电影所占据。在真正的修行中，我们安住在身体中，将修行作为一个超越它自身的手段。这听上去就像是一个悖论：超越形式的最大法门就是透过形式本身。所以，当你坐下来禅修，跟自己的感觉联接起来——跟你怎样感受的、你听到的、你感觉到的、你闻到的联接起来。你的感觉实际上将你锚定在当下时刻中。当你的心念散乱的时候，将自己锚定在感觉中，开始聆听。外面有哪些声音？开始去感受。你是如何感受自己的身体的？进入那个感觉，那个存在的切身感受。不仅跟自己的身体感受联接起来，还要跟你在房间内所感受到的联接起来。开始闻。在你坐着的时候，闻起来像什么？透过你的感觉，你打开自己，拥抱内在的世界和周围的世界。这让你扎根在一个比你的头脑更深的现实，有助于你聚焦在一个头脑以外的地方。顺其自然是极为简单的，但是并没有人们想象的那么容易。如果你真正做对了，你会发现自己五官敏锐，身体灵动，体验鲜活。相反，如果你发现自己处在一个朦胧的梦境中，那么很重要的就是要回到自己的感觉中。你的身体是将意识锚定在现实更深处的美丽的中介。

超越形式的最大法门就是透过形式本身。

· 觉知是动态的 ·

觉知是非常好动的,它具有一种到处移动的习性。有时候觉知会停止不动,安住在深深的静默中。透过放下,我们随顺觉知,让它做它想做的事,去它需要去的地方。

当我们停止操控的时候，我们发现觉知本身并不是固定不变的。当觉知没有被引导的时候，它或许会停下来片刻。它可以是全方位的觉知，这样，在你感觉范围内的一切都马上被包含在其中了。通常，你越放松，你的觉知就会变得越全方位，产生一种整体性的体验，将所有事物和所有体验作为一个整体来接收。但是到了那时事情或许会改变。从本性上来说，觉知是好奇的。你可能脚趾发痒，或者身体一侧有些异样，或者哪里有些紧缩，觉知就会自然、自发地向着那个方向移动。这里，"自然"是一个关键词。它之所以移动并不是因为你认为它应该这么做，而是因为它具有一种想要流动的天然取向。顺其自然并不会产生一个静止的状态。觉知可能移向你的脚部，移向痛苦或者紧张之处。它可能移向一种喜悦的感觉。它可能听见室外的鸟鸣，并且它可能只是自发地聆听鸟鸣，然后它可能又变成全方位的了，在一瞬间将一切尽收其下。觉知可能突然对静默变得好奇起来，并进入到静默中去。顺其自然实际上产生了一种比我们的表述还要生动得多的动态内在环境。你必须亲身去体会它真正的内涵。

你将发现，觉知是非常好动的，它具有一种到处移动的习性。有时候觉知会停止不动，安住在深深的静默中。透过放下，我们随顺觉知，让它做它想做的事，去它需要去的地方。我们认识到，觉知自身就具有智慧。你作为一个修行者所收到的邀请是，积极加入觉知想要去的地方、想要体验的经验以及想要观察的事物。你加入它，跟它相处。你愿意去到觉知想去的地方。

当我们停止操控的时候,我们发现觉知本身并不是固定不变的。

・以修行的方式生活・

这是一个基本的幻觉——将有些事情称作『灵性生活』，另一些事情称作『日常生活』。当我们醒悟到真相的时候，我们会发现，它们是同一件事情，是灵性天衣无缝的统一表现。

坐禅是一件美妙的事情。据我所知，大多数禅修者每天都会花上一段时间坐禅，无论是 20 分钟还是 45 分钟。如果你想坐得更久，那么就坐久一点。你可以每天坐 1 个小时，也可以每天坐 2 个小时。这是真正跟你想做的事情待在一起，不是你的头脑想做的，而是你的心想做的。

但是当我谈到修行，我讲的不只是以一种正式的方式坐下来做的事情。修行也跟生活有关。如果我们只是学习如何在坐禅的时候做好修行，不管它是多么深奥，它还是不会走得很远。即便你 1 天坐 3 个小时，那 1 天还是有 21 个小时你没有在坐禅。如果你 1 天坐 2 分钟，那你会有很多很多时间没在坐禅。

多年来我发现，即便是真正优秀的修行者，在从坐垫上起身后，他们还是会将修行放在一边。在修行的时候，他们能够放下他们的想法、他们的信念、他们的观点和判断。他们可以将它们都放下，而且可以很好地坐禅。但是一旦离开坐垫，他们多少会认为自己需要将放下的一切再重新捡起来。真正的修行是真正伴随我们的生活的。我们可以在任何时间、任何地方进行。你可以在街道上驾车的同时随顺万物，也可以练习随顺交通拥堵，还可以练习随顺自己的感受。你可以让天气如其所是。或者，在下次遇到朋友或恋人的时候，你可以观照那个体验。当我完全随顺事物如其所是的时候，它是怎么样的感觉呢？当我完全随顺自己，按照本来的样子接受自己的时候，它又是什么样的感觉？那时会发生什么？我们是怎样涉入其中的？它又是如何改变的？所以，真正的修行可以是一个非常活跃的修行过程。

事实上，重要的是，修行并不只是坐在安静之处的时候做的一件事情。否则，灵性和日常生活就变成了互不相关的两件事。这是一个基本的幻觉——将有些事情称作"灵性生活",另一些事情称作"日常生活"。当我们醒悟到真相的时候,我们会发现,它们是同一件事情,是灵性天衣无缝的统一表现。

设想一下,如果你的整个生活,而不仅仅是你花在坐禅上的时间,其基础都变成是顺其自然的,又会发生什么事情?这将成为大多数人生活的革命性基础。让你存在的基础、你存在的底线变成随顺万物、如其所是,这是一次革命。这意味着无论它现在怎样,将来怎样,都会随顺万物。如果你生命的基础,以及所有那些你没有花在静坐的时间,都被随顺万物、如其所是所占据,那又会发生什么?

如果你这么做了,你的生活将会变得相当有趣。修行是安全的。你坐到你的小垫子上,或者坐到椅子上、凳子上，你可以以任何姿势蜷缩起来。是这样吗？这样很安全，就像回到子宫里一样。这很棒，因为能够发现一个安全的地方，一个你完全可以依赖的内在，一个没有什么事、什么人可以将它夺走的地方，这是一件很好的事情。但是当我们开始开放自己并想到修行不仅仅是待在一个安全的地方，而是对待生活的一种态度的时候，那就变得十分有趣了，不是吗？我们开始从对经验的抵制中走出来。而当我们开始从对经验的抵制中走出来的时候，我们会慢慢发现那是一件具有巨大威力的事情。

我们开始发现，最为重要的事情是我们存在的真相。我们开始发现，我们作为意识的本性总是随顺万物、如其所是的。这就是我们以这种方式修行的原因，因为我们的意识早就在这么做了——随顺万物、如其所是。意识本身并不是抵制。意识并不是站在如其所是的对立面。你注意到这一点了吗？意识，即你的本性，是随顺万物、如其所是的。如果你过了很好的一天，那是你的本性让你过了很好的一天。如果你过了很糟糕的一天，你的本性也不会在你糟糕的一天中横加阻拦，是这样吗？它顺其自然。那不是我们的意识正在做的唯一的一件事，但它是基础。

我发现了要做到像坐禅那样的真正自由的关键所在。当我们真正随顺万物、如其所是，处在那种内在气场中，处在那种不执取的内在态度中的时候，我们就具备了一个非常具有生命力的空间——一种意识的有力状态。在那样的臣服时刻，某些原生性的东西就会来到你身上。那是一个悟性萌发的空间，一个启示降临的空间。所以，这不是将随顺万物、如其所是变成一个目标、一个终点。如果你使之成为目标，那就会错过这个要点。要点并不在单纯地随顺万物、如其所是，它只是一个基础、一个底层的态度。从这个底层的态度中，许多事情变得可能。

这是一个智慧升起的空间，一个"啊哈"闪现的空间。它是一个赋予我们需要看到的东西的空间。它是一个我们可以被整体意识渗透的空间，而不只是我们头脑中一星半点的意识。它是一个我们从中可以认识到自己就是意识本身的空间，是存在未曾显现的潜质。

真正的修行是伴随我们真正的生活的。

第二部分 自我质询

一旦我们以最深入而简单的方式建立了随顺万物、如其所是的基础,我们就体验到了其中的滋味,那时修行的第二个要素才真正开始发挥其效用。这个要素就是禅思的自我质询。这个修行要素虽然经常被忽视,但却非常重要。

如果我们将修行单单放在随顺万物、如其所是身上,尽其深入,尽其自然,这样做本身也可以带领我们进入一种灵性干燥或内在无执的状态。质询是一种方法,在这个方法中我们运用自然的好奇心的能量——求道渴望的本身的能量——来达成对我们本性的顿悟。

·我是如何找到自我质询法的·

每一个问题的答案最后都是一样的。这个答案正是我们每一个人必须为自己找到的,也是我们每一个人需要通过自我质询这一过程来寻找的。

我想讲讲我是如何知道自我质询法的。从很多方面讲，这都是不由自主的，几乎是一个错误。没有人直接教我自我质询，甚至也没有人建议我运用它。它是在多年的修行和坐禅中自然出现的。

在某个时段，我意识到我想要对心中的几个问题一探究竟——一些我觉得很多人都会有的关于灵性和生命的问题。我的问题事实上相当基本。例如，什么是臣服？关于臣服我听过很多，我在想，究竟什么是臣服？什么是修行？我已经修行了多年，但是究竟什么是修行？这一路问下来最终将我引向这样一个问题：我究竟是谁？我意识到这些问题一直萦绕在我大脑中，我在寻找一种办法让我可以真正地直接面对这些问题。我就是这样发现自我质询的。

工作结束后的夜晚,我跑到咖啡馆,在那里我从一个问题开始。我会在手中拿着一张纸和一支笔,开始写下与问题相关的一些事,就像我在和某个人交谈一样。当我们在教别人的时候,我们总是最善于将自己所知道的表达和传递出来,所以我会坐在那里把它写下来,就好像我在把答案教给某个人那样。我跟自己达成一个协议,坚决不写下哪怕一个字,除非是从自身经验那里知道它是准确而真实的问题。我会选一个题目,比如,"什么是臣服",然后就开始写这方面的内容。就像我说过的那样,除非我感觉那句话是真实的,除非是出于自己的经验,否则我坚决不写任何一句话。以这种方式,我会写出一句话,下一句话,再下一句话。我发现自己会在一段相对较短的时间内就自身所探求的主题耗尽自己所有的知识。我发现,通常在两页以内,最多三页,我就用尽了自己的所有知识。就这样,我碰到这堵内在的墙,我会去感觉它——不仅仅在心中,还从身体上去感觉它。我会去了解：这是它，这就是我的经验所能达到的地步。

我可以感觉到我没有到达问题的根部，因此我会坐在那里，一只手握着笔，另一只手端着一杯咖啡，除非我知道那是真实的，否则我拒绝写下哪怕一个字。有时候我会坐在那里几十分钟，有时候半个小时，有时候两个小时——我不会写下一个字，除非我知道它是真实的和准确的。我发现，那时唯一可以行动的方向就是在那个知识的尽头保持安静，并在那个入口处充分感受自己的内心和身体。不是去想那个问题，不是去陷入头脑的哲学化思绪，而是在那个我所知的与那个超越我所知的之间的边界上作停留和体察。我发现的是，通过停留在那个边界上——通过感觉和体验，并明白自己想要超越它，最终，下一个字就会自己到来。当它到来的时候，我就把它写下来。有时候，我会写下不超过半个句子，接下来又不知道如何写了，就在半中间，我又遇到了那个边界。我会再次停下来，我会停留在那个边界上。

我发现最终我可以穿越这一神秘的限制，穿越这堵已知与未知之间的墙。我知道自己什么时候穿过去了，因为突然之间万事万物又开始流动起来了。我会开始写出那些我从不知道我已经知道的。突然之间，这一深层的智慧涌现出来，我会将它写下来，并最终得出一个结论。

这些写下来的段落不是很长。我想我写过的最长的大概有七八页。它们不是长篇专论，我尽力写得短小，最为简洁地表达我所知道的。当我完成书写的时候，我所发现的第一件事情，也是最为重要的事情，就是那个问题消失了。我发现的第二件事情是，每一个问题的答案最后都是一样的。这个答案正是我们每一个人必须为自己找到的，也是我们每一个人需要通过自我质询这一过程来寻找的。这个答案很简单："我是。"什么是臣服？"我是臣服。"臣服不是我可以做的某件事情，也不是我可以表现的一个行为。臣服是我自己最为信任的存在的一个表达。不管问题是什么，我发现到了最后我总是来到一个相同的地方——不是一个头脑中的答案，而是一种以"我是"为终点的鲜活感觉。

我无法在理智上解释为什么它们都以一个相同的地方为归宿，但它是一个启示。这就是我怎么会接触到这种质询形式的情况。一旦我认识到怎么样通过书写来做这件事，我就知道我不用书写也可以作同样的质询。写下来具有一定的实用价值，因为它显示出你所知道的。你无需让它们在你的头脑中不停地盘旋。但是后来我发现不用写下来也可以完成这一过程，这就奠定了我今天所教的自我质询的基础。事实上，有时候我确实会建议一部分人，如果他们想要写下来，也可以将它作为一种书面练习来做。其他人则没必要将它写下来。但是你必须投入能量、专注和热忱去作自我的质询。想要真正产生效果，我们必须真正地想要去了解。质询不是玩耍。我必须真正想要去了解。

不管问题是什么,我发现到了最后我总是来到一个相同的地方——不是一个头脑中的答案,而是一种以『我是』为终点的鲜活感觉。

・什么样的问题具有觉醒的威力?・

具有觉醒威力的问题总是指向我们自身。因为达成开悟的最为重要的事情就是去发现我们是谁——从我们的梦幻状态,从自我的执迷状态中醒悟过来。

提出具有觉醒威力的问题是一门艺术，自我质询就是这样的一门艺术。具有觉醒威力的问题总是指向我们自身。因为达成开悟的最为重要的事情就是去发现我们是谁——从我们的梦幻状态，从自我的执迷状态中醒悟过来。要达成这样的醒悟，就需要一些能够进入意识的转化性能量。这一能量需要具备足够的威力，能够将意识从对分离的执迷中醒悟到我们存在的真相。质询是对我们自身体验的积极探索，可以培养觉醒的洞察力。

我想要再次强调的是：没有质询，修行可以引领我们到达某种内心无执的状态，也可以引领我们进入各种各样的禅修状态，但进入禅修状态跟觉醒并不相同。我们运用质询来将自己从禅修状态中解脱出来，从其他人类在生活中遭遇到的各种状态中解脱出来——这些状态都是我们的头脑不断去认同和执著的。

就像我说过的那样，在觉醒的质询中，最为重要的就是要问对问题。正确的问题蕴藏着能量。在灵修开始的时候，最重要的事情是问你自己：什么是最重要的事情？对你而言什么是道？在你心底最深处的问题是什么？不是那个有人告诉你应该问的问题，也不是那个你学到的应该问的问题，而是，什么是你的问题？你修行是为了什么？你想要回答的是什么样的一个问题？

当你真正地知道那是一个什么样的问题时，你就可以开始作自我质询了。你可以以一种安静、禅思的方式问自己那个问题，看看它会把你带向何处。

提出具有觉醒威力的问题是一门艺术,自我质询就是这样的一门艺术。

• 我是谁或我是什么？•

我们可以问的最为贴切的问题，最具有觉醒威力的问题是⋯我是谁或者我是什么？在疑惑为什么我在这里之前，或许我应该找出这个在问问题的「我」是谁。

在我个人的生活中，我最根本的兴趣是从执迷的昏睡状态中醒悟到合一的真相。作为一个灵修老师，这是我所有的开导围绕的中心。所以我建议人们运用禅思的自我质询作为工具，去培养醒悟的能量以及对一个人本性的觉知。然而，我碰到的许多人实际上关注的是他们自身之外的东西，问的也是自身经验之外的问题。每个人都听说过"向内看"的教诲，但是还是有很多人在"向外看"。即便我们有了灵修上的问题，但还是经常聚焦于我们自身之外。上帝是什么？生活的意义在哪里？我为什么会在这里？这些问题或许跟人格有关，但是还不是最为贴切的问题。

我们可以问的最为贴切的问题，最具有觉醒威力的问题是：我是谁或者我是什么？在疑惑为什么我在这里之前，或许我应该找出这个在问问题的"我"是谁。在我问"上帝是什么"之前，或许我应该问一下这个在寻找上帝的"我"是谁。我是谁，谁在过着眼前的生活？谁在此时此地？谁走在灵修之路上？谁在那里坐禅？我究竟是谁？正是这个问题开启了自我质询的旅程，在这个旅程中，你将为自己找出答案。

因此，第一步是找到那个具有觉醒威力的问题，例如，"我是谁或我是什么"，第二步是知道怎样去问这个问题。同样，我注意到很少人知道如何去问一个具有觉醒威力的问题。如果我们不知道如何去问，那么我们最后只会迷失在自己的头脑中。我们可以一直坐着思考我是谁。我们可以阅读关于我们是谁和为什么我们在这里以及这一切究竟是什么的灵修讲座、哲学讲座和宗教讲座。我们可以一直这么做下去，而我们最后得到的就是更多的思想、观念和信念，但这并不是我们真正需要的，我们真正需要的是一种悟性，一种对我们存在真相的悟性。自我质询实际上是在帮助我们培养这样的悟性。那么怎样去问这个问题？怎样去找到我们究竟是谁？

在我问『上帝是什么』之前,或许我应该问一下这个在寻找上帝的『我』是谁。

·减法之道·

在我们真正找到我们是什么之前,我们首先必须找到我们不是什么。

在我们真正找到我们是什么之前，我们首先必须找到我们不是什么。否则我们的假设就会持续污染整个质询的过程。我们把这个做法称为减法之道。在基督教传统中，他们称之为 *Via Negativa*，即"反向之道"。在印度教传统的韦达坦中，他们称之为 *Neti-neti*，意思是"非此非彼"。这些都是减法之道，即通过发现我们不是什么来找到我们是什么的方法。

先来审视一下我们关于我们是谁的诸多假设吧。我们心中有很多很多假设，有时甚至都没有意识到它们的存在。所以我们从审视自己身上最简单的事情入手。例如，当我们观照自己的头脑时，会注意到那里有很多念头。很明显，有一个什么东西或什么人在注意那些念头。你或许不知道它是什么，但是你知道它是存在的。念头来来去去，但是那个念头的觉察者一直存在。

念头来来去去，那它们就不是你所是的。开始意识到你不是你的念头是非常有意义的，因为大多数人都认定他们就是自己所思想的。他们相信自身代表自己的思想。而对自身经验的一次简单审视揭示出，你只是你思想的见证。不管你对自己具有什么样的想法都不是你所是的。某个更为基本的东西在观察你的思想。

同样，感受也是如此。我们都具有情绪性的感受：快乐、悲伤、焦虑、喜悦、安宁。我们具有身体上的感受，或者是能量的感受——这里有紧缩，那里有扩展，或者只是脚趾上的发痒。我们的身体有各种各样的感受，同时也有对这些感受的见证。某个东西在见证或记录你产生的每一个感受。所以，你有感受，还有对感受的觉知。感受来来去去，但是对感受的觉知却一直存在。虽然我们无需否认我们体会到的任何一个感受，但是重要的是意识到你最深的、最确信的身份并不是感受，因为在感受升起之前存在着某个更为基本的东西：对感受的觉知。

信念的情况也是如此。我们具有许多信念，我们还具有对那些信念的觉知。它们或许是修行上的信念，对你的邻居的信念，对你父母的信念，对你自己的信念（这通常是最具毁灭性的），以及对各种各样事物的信念。我们会发现信念随着我们的成长和我们的生命历程而改变。信念来来去去，但是对信念的觉知出现在信念之前，它更加基本。所以，我们很容易发现，我们不可能是自身的信念。信念是我们见证、观照和意识到的某个东西。但是信念没有告诉我们谁是那个观照者，也不会告诉我们谁是那个见证者。观照者和见证者都出现在信念之前。

这同样适用于自我和人格的情况。每个人都有一个自我和一个人格。我们倾向于认为我们就是自己的自我和人格。就像思想、感受和信念的情况一样，我们可以慢慢地发现，有什么东西在见证自我和人格，有一个自我和人格叫做"你"，同时还有一个对自我和人格的观察，对自我和人格的觉知。自我和人格的觉知站在人格之前，它在观照它，不带判断，没有谴责地观照它。

这里我们开始转到某些更为贴切的东西上。大部分人相信他们是自身的自我和人格。但是只要你愿意去观察自己的经验，就会看到，既有一个人格的存在，还有一个对人格的见证。因此，你根本的、最深的本性不可能是你的人格。你的自我和人格正被某个更为基本的东西观察着，并为觉知所见证。

通过以上方法，我们就达到了觉知本身。我们注意到有一个觉知在那里。每个人都有觉知。如果说你此刻正在阅读这些话语，那是因为觉知将它们纳入了你的视野。你觉知你所想到的。你觉知你是如何感受的。所以很清楚,觉知就在当前。它不是某个需要被培养和制造出来的东西。觉知只是那么存在着。正是因为它,人们才可能去了解和经历正在发生的事情。

·谁在觉知?··

当你向内看,寻找是谁在觉知,是什么在觉知的时候,你无法找到那个『它』,只会出现更多的觉知。

通常我们都会无意识地认为"我在觉知",我就是那个在觉知的人,那个觉知是某个属于我的东西。我们预设说,有一个叫做"我"的个体在觉知,但当我们开始禅思地、安静地、简单地观照这一点的时候,我们开始看到,我们无法真正找到一个在觉知的"我"。我们开始看到,这只是一个我们的头脑被灌输的假设而已,我们只是假设存在一个在觉知的"我"。当你向内看,寻找是谁在觉知,是什么在觉知的时候,你无法找到那个"它",只会出现更多的觉知。不存在一个正在觉知的"我"。以这种方式,我们还是在通过深入的观照削减我们的身份。通过找到我们所不是的,从而将我们的身份从思想、感受、人格、自我、身体和头脑中独立出来,将我们的身份从我们经验的外在因素那里拉回到它的本性中。一旦我们碰到"我是那个在觉知的人"的基本假设,那么我们马上就会回到觉知本身,我们就这样来观照那个假设。当我们透过自身的体验来观照它时,会一次又一次地发现，我们无法找到那个在觉知的人。那个在觉知的"我"在哪里？正是在这样一个时刻——在那个我们认识到无法找到一个拥有觉知的、叫做"我"的人的时刻——我们才恍然大悟，或许我们就是觉知本身。觉知不是某个我们拥有的东西。觉知事实上就是我们所是的。

对有些人，尤其是大部分人而言，这一点听上去太不可思议了。这是因为我们太习惯于将自己认同于我们的思想、感受、信念、自我、身体和头脑了。事实上，我们都被教育要认同于这些东西。但通过观照，我们开始看到某个东西是先于思想、先于人格、先于信念的——它就是我们称之为觉知的东西。通过这样的观照，我们顿悟到我们就是觉知本身。

这并不是说思想就不存在了，也不是说身体就不存在了。我们不是在否定自我、人格、信念或任何东西。这不是在否定我们人性自身的这些外在因素。我们只是发现了我们的本性。身体、头脑、信念和感受就像是觉知所穿的衣服，我们正在找出衣服里面是什么。你并不是你所想的，也不是你的信念、你的人格和你的自我。你是除此之外的某个东西，某个内在的、在你的存在最核心处的东西。为了方便，我们把那个东西称为"觉知"。这份领悟的重要性在于，觉知并非你所拥有的某个东西，也不是一件你需要训练自己或学习才能学会如何做的事情。觉知事实上就是你所是的，也就是你存在的本性。觉知不仅是你所是的，也是每一个人所是的。

· 超越性认知 ·

思想无法理解超越于思想的东西。

这样的自我认知无法被头脑理解。这是头脑无法做出的跳跃。头脑也许会接受或否认你是觉知,但是无论如何,它都无法真正理解和领会。思想无法理解超越于思想的东西。这就是为什么我们称之为超越性认知,或者超越性启示。这实际上是将我们的身份从分离的囚牢中唤醒,回到它本真的状态。这既简单,又无比深奥。对有些人来说,它来得很快,灵光一现,就像闪电一般,突然认识到你就是这个觉知,它始终在那里观察着。它来得快,去得也快。或者,它也可以突然出现,但会持续较长的时间。对另一些人来说,它在灵光一现之后就扎根在那里,使得他们可以从容地认识自己的本性。不管它是如何来的,重要的是要认识到,那不是什么头脑可以决定的事情。它是启示的闪光。

我能够给出的最为简单的指路标是,记住这个减法的过程,这个质询和探索的过程,事实上是在脖颈以下发生的。我们可以问这样的问题——"我是谁",或"我是什么",或"我是否是这个思想",而这些问题无疑是根源于头脑的。但是一旦我们问了这些问题,很重要的一点是,不要让它们待在头脑里。我们必须将注意力放在脖颈以下。我们拥有这个美妙的叫做身体的东西及其原生的存在感,那就是质询真正发生的地方。

举个例子,当你问自己"我是什么"时,大部分人都感觉茫然。他们实际上并不知道自己是谁或是什么。所以大部分人会进入自己的头脑中,试图找到答案。但是你的头脑所知道的第一件事情就是你不知道。在灵修的质询中,这是非常有用的一个信息。"我不知道我是什么。我不知道我是谁。"一旦你认识到这一点,你可以试着去思考,并且真正地去感受它。你不知道你是什么,那种感受是怎样的?当你没有发现你是谁,没有发现一个叫做"你"的个体的时候,那又是怎样的感受?

那个开放的空间感觉如何？在你的身体上感觉它，让它在你存在的细胞中留下印记。这就是真正的灵修质询。"我是什么"可能只是头脑中的一个抽象思想，但在身体上对它的感知却能转化为内心深处一股觉醒的力量。

・自然的和谐・

如果我们安住在源头，那么我们的身体、头脑、人格和感受就会和谐相处。

就像我说过的那样，重要的是要认识到，虽然我们要从思想、感受和人格中撤回，以便从中抽离我们的身份感，但是我们并不是要否认这些经验的外在因素，也不是要将它们从我们身上去除掉。质询不是要将什么东西推开的一个练习，而是一种取得身份、从分离的昏睡中醒悟的方式。但是即使醒悟过来了，我们的身体还是在那里，我们的人格还是在那里，我们未成熟的自我结构还是在那里。不同之处在于，一旦我们认清自己就是觉知本身，我们的身份就可以渐渐安住在它的本性中。我们就不再会在我们的身体、头脑、人格、思想和信念中去寻找我是谁。我是谁安住在它的源头。

如果我们安住在源头，那么我们的身体、头脑、人格和感受就会和谐相处。我所说的和谐是指我们不再自我分裂。我觉得大部分人都会发现自我事实上是由某些内在分裂来界定的。自我的某些部分跟其他一些部分处在冲突或争执之中。我们想要成为某个我们事实上无法做到的人。我们想要去思考那些我们事实上无法思考的东西。我们想要以我们无法真正那样表现的方式来表现。我们想要比我们真实的自己更好。当我们的身份被困在自我和人格之中的时候，我们就会造成这些观念、感受和情感的冲突。

颇为神奇的是，当我们将自己的身份从自我和人格那里抽身而出的时候，自我和人格就会变得和谐。这些心理和情感的力量就不再相互牵扯。这样的和谐或许不会马上以最深沉的方式出现，但是这里就是我们的旅程开始的地方。我们进入了身体、头脑和人格的和谐之境，因为我们不再认同于我们的身体、头脑和人格。

当我们将自己的身份从自我和人格那里抽身而出的时候,自我和人格就会变得和谐。

·大包容·

我们的最真本性包容了我们全部的人类经验。我们人类的身体、头脑和人格不是别的,正是灵性的延伸。

自我质询是从寻找我们是谁开始的,但是那不是自我质询结束的地方。随着减法之道而来的就是我所称的"大包容"。

在我们将自己的身份从思想、信念、人格和自我中撤回并看到某些更为基本的东西之后,身份开始安住在觉知本身中。当然,我们不应该让头脑固着在"我是觉知"这样的一个观念上。这个观念或许有其用处,但它还是一种局限性的固着。当然,将自己认同于觉知要比将自己认同于思想、自我或人格要更解脱。看到其他每个人也是觉知,这也会带来很大的解脱感。但是我们应该不要陷入到新的概念中,不要以一种新的方式固化自己。"觉知"只是一种措词,也可以称其为"灵性"。觉知(或灵性)没有形式、没有形状、没有颜色、没有性别、没有年龄,也没有信念。它超越于所有这些东西。觉知或灵性只意味着一种存在,一种超越于我们形式的鲜活感。

我相互交替地使用"觉知"的概念跟"灵性"的概念。如果你向内看，会注意到在这一刻觉知（或灵性）并不在抗拒思想。思想在那里，但是觉知并不抗拒思想；感受在那里，但是觉知并不抗拒感受；自我和人格在那里，但是觉知并不抗拒自我和人格。觉知并不试图改变什么事情，觉知也不试图修正什么事情。你可以渐渐注意到，觉知就在你的内在呈现，但它并不试图改变你的人性。它没有想要改变你。同样重要的是，它也不想改变其他人。这份觉知完全是包容的。这是一种存在的状态，在这种状态下，万事万物就以其本来面目存在着。

自相矛盾的是，自我和人格始终想要经历这样一种自己不被固化的状态，这样就可以获得和谐与安宁。自我和人格总是想要跟这样一种不去作改变的状况有直接的经验性接触。人们的自然本性并不会试图改变他们的人性，认识到这点是一件令人惊讶的事情。这让人性得以休憩，不再感到它跟本源的疏离。我们开始感到内在的一体性。我们不再感到我们的内在是分裂的，因为我们看到，从根本上来说，在觉知或灵性跟我们的自我和人格之间并没有分界线，两者之间事实上并没有分离。

当我们开始放手，进入觉知或灵性，我们就开始认出那个是谁和我们是什么。我们开始看到，存在着的万物都只是灵性的显现。无论是你坐着的椅子，还是你躺着的地板，或者你穿的鞋子，万物都是灵性的表现。外面的树木、天空，每一样事物都是灵性的表现。同样，你称之为"你"的身体、头脑、自我、人格，也都是灵性的表现。

当我们的身份认同绑定在各种各样的形式中的时候，受苦就是它的结果。但是，当我们透过质询和禅坐，我们的身份开始回到觉知的家园的时候，万事万物就都被包容进来了。万物都开始被看成是灵性的显现，包括你的人性，包括人性所有的优点和弱点，以及所有那些小古怪。你发现你的人性并没有跟你内心的神性、跟真正的你相割裂。我称之为"大包容"，因为我们开始认识到我们的最真本性包容了我们全部的人类经验。我们人类的身体、头脑和人格不是别的，正是灵性的延伸。正是通过这种方式，灵性运行在这个时间和空间交织的世界中。那就是人类身心的真相：灵性在时间和空间上的延伸。

请不要试图用你的头脑来理解这一点。事实上，头脑无法理解这一点。这个认知根植于我们内在的更深处。另一些东西会理解和知道。

这份觉知完全是包容的。这是一种存在的状态,在这种状态下,万事万物就以其本来面目存在着。

・留意在你身上什么是保留不变的・

让来的来,去的去。找到那留下来的。

"我们是觉知"这一认知对有些人来说或许有点抽象，但是对于那些已经了解的人而言，并不抽象。这是他们的生活体验。如果你对此感到抽象，我建议你做些非常简单的事情：试着留意你身上有什么是始终不变的。不管你有多年老或者多年轻，稍加留意你会发现，许多事物都在改变：你的身体变了，你的头脑变了，你的自我变了，你的信念变了，你的人格变了。所有这些都随着岁月而改变。但是自始至终，从你获得语言能力那天起，你总是自称"我"："我是这个。我想那个。我相信这个。我相信那个。我想要这个。我想要那个。"虽然万物都已改变并还在继续改变，但是那个你指向的"我"却始终在那里。当你说"我"的时候，它跟你是一个小孩的时候说的是同一个"我"。外在环境变了，思想变了，身体变了，感受变了，但是那个"我"没变。在直觉的层面上，有一个了知保持不变，就像从前一样，每次你称"我"的时候，你指向的就是它。你甚至都没有认出它来，那是你身上具有神性的部分，是一个神圣的部分，那是你的本性。但那个"我"是没有形式和形状的，它属于觉知和灵性。所以任何人可以为自己留意它的存在，在他们内在，这个"我"的感觉自始至终都在那里。

但是这个"我"不是头脑所想的那样。禅思的自我质询让你可以去找到这个"我"究竟是谁，是什么。我称之为"禅思的自我质询"，因为它是非常经验性的，而非哲学的和知识层面上的。这里"禅思的"的意思是"经验性的"。质询只有在它是禅思的时候才具有力量，只有在那时我们才会以持续的、专注的和安静的方式进入自己的经验。

没有人能够逼迫醒悟的到来。它的发生是自发的，但是我们可以培育这样的土壤，创造条件让醒悟发生。

我们可以让头脑向着更深的可能性开放，并开始为自己去探索我们真正是谁。

当我们醒悟到自身的本性的时候，它或许会在一个片刻中发生，也可能会在相对较长的时间内发生，甚至可能永久地存在。不论它如何发生，都是很好的事情。你是谁就是你是谁。不论你的体验是什么，你不会失去你所是的。即便你具有了一定的开放性，并达成了你的本性，随后你觉得你又忘记了它，你还是没有失去什么。因此，那个邀请总是在越来越深的地方等你，不要执着于某个领悟或某个经验，不要试图固执于它，而要认清背后那个永不改变的实相。20世纪伟大的印度圣人拉玛那·马哈西这样说过："让来的来，去的去。找到那留下来的。"禅思的自我质询是找到那个留下来的、一直在那里的办法。

·走进神秘·

禅思的自我质询几乎可以在一瞬之间非常迅速地就将你带到神秘之地。它快速而有效地将你交还给未知。

在禅思的自我质询中，没必要以一种规规矩矩的方式坐着。你可以在任何时候、任何地点去问这个问题："我是什么？"你可以问："那个在驾车的是谁？那个在喝茶的是谁？那个在阅读这些文字的是谁？"它是一个很简单的问题："我是什么？在思想或记忆之外，我是什么？在所有这一切背后我是什么？"当头脑问出这样的问题时，它就会向内看。头脑会发现什么吗？它什么也发现不了。它不会发现一个新的某某人，因为一个新的某某人只不过是另一个思想或另一个意象而已。所以头脑向内看，诚实地说："我不知道。"而这对头脑来说是一个非常神秘的时刻。在这样一个时刻，你实际上处在一种未知的状态。你跟你的神秘性——而不是跟你的观念——相联接。禅思的自我质询几乎可以在一瞬之间非常迅速地就将你带到神秘之地。它快速而有效地将你交还给未知。一旦你到达那里，你可以待在那里——你可以感觉那份未知，切身感受那份未知，跟未知的境界相处。以这样的方式，禅思的自我质询很快就会将你带入开放之境，带入一个清醒的广阔空间。开悟的达成无疑就是对"你就是那个空间"的认知。

禅思的自我质询很快就会将你带入开放之境,带入一个清醒的广阔空间。

·开始真正的灵性之旅·

灵性之旅的开启就是我所称的"开悟之后的生活"。跟生活在分离的自我中,以及自我人格的幻觉中不同,灵性之旅生活在对我们的本性觉知的有意识的认知。

灵性之旅的开启就是我所称的"开悟之后的生活"。跟生活在分离的自我中,以及在自我人格的幻觉中不同,灵性之旅生活在对我们的本性觉知的有意识的认知。这才是真正的新生活。它是一个开端,也是一个终结,终结我们与思想、感受和自我人格的认同,但是——跟有些人想的不同的是——这不是灵性的终结。事实上它是灵性之旅的开始。你是灵性显现为人性,你活在这样的一种生活中,这是一个不断有新发现的旅程的开始。

这是灵性的核心:醒悟到你是谁和你是什么。在我多年来跟许多人共事的经验中,我发现对开悟来说,有两个因素是最有帮助和最有力量的。第一个因素是发展出修行的态度,其间我们在一个很深的层次上放下控制,随顺万物。第二个因素是通过禅思的自我质询启发我们自身与生俱来的好奇和智能。这两个因素的任何一个都是不完整的:离开禅修的质询会变成纯智力的和抽象的;

离开质询的禅修可以让我们迷失在各种不同的灵性状态中。但是当它们合在一起时，就能提供必要的能量、必要的动力，去创造了悟本性的灵光一现。从根本上来说，那就是修行的归依。

灵性的核心——醒悟到你是谁和你是什么。

阿迪亚香提访谈

以下访谈是在我参加完阿迪亚香提的五日静修营之后发生的。在这个静修营中,我开始了解他对修行的毫不妥协的态度。

塔米·西蒙（以下简称"塔米"）：阿迪亚，你是一个有着15年经验的禅宗修行者，你将你的禅修——数小时的坐禅冥想——比作是以头撞墙，但是如果我说你的禅修实际上为你准备了开悟的能量，并为你提供了你现在所教的洞见，你会怎么说？你认为那是可能的吗？

阿迪亚：是可能的。任何事都是可能的。然而，以我的经验而言，禅修真正为我带来的就是为我铺设了一条通向失败的道路。那个坐垫就是我跟自己发动灵性战争的地方。我想要开悟，而那个坐垫就是我的个人意愿自我展现的所在。从这个意义上讲，我可以回顾以往说，我以巨大的热情投入其中的战斗是必要的，因为这让我可以自食失败之果。我一劳永逸地发现，我不会在这场灵性战斗中获胜，因此最终放下了它。所以从这个意义上讲，那些年的禅修是相当有用的。但是我认为，如果因此而说每个人都必须走这条道路，那就成了一种误导。

我认为我们每个人都会走上一条属于自己的路。

塔米：你的禅修老师是阿维·尤斯蒂，我从来没有听说过她。

阿迪亚：几乎没有人听说过她。她是从几个上世纪从日本过来的禅宗老师那里受训的，主要是安谷禅师和前角博雄禅师。在前来美国的禅师的第一波浪潮中，有一些非常优秀的老师，因为那时日本的禅宗已经比较成熟和普及。人们去寺庙里就像去教堂一样。人们会说："今天是星期天，让我们去寺庙禅修吧！"所以这些早期来到美国的禅宗老师正在寻找新鲜血液，想要寻找认真投入的人。当然，当我们自己真正开悟了，我们就会被召唤去传法，我们同样想去教那些真正认真投入的人。

那个时候，美国几乎没有禅修的寺院。所以有近40个人为了禅修而挤在我的老师在北加利福尼亚的屋子里。人们在草坪等地方凑合着过夜。过了一段时间，我老师的老师对她说："现在我不用过来了，就由你来教他们吧！"事情就是这样。没有什么传法的仪式。我的老师非常清楚。她没有感到自己被遗弃了。那时她的年纪也不轻了，还抚养着五个孩子，可她意识到，虽然禅宗可以走传统道路，但却不是必要的，她对此也不感兴趣。

　　她就在自己的屋子里教学，并且从来不去做广告。一开始，在每个星期天的早上她会在客厅里铺上几个坐垫，然后一个人坐禅，一年半载都没有人过来。每周她都会铺好坐垫，准备好讲话的内容。她只是那么坐着，没有人会过来。当然，你不做广告，谁会过来呢？但是她就是这么全身心地一直坚持。一年半之后，过来了一个人。她就跟那个人每周一次又坐了一年。后来另一个人过来了，并开始不断有人过来。她从未刻意让别人知道自己，甚至也从未真正将自己看成老师。她是一个极为谦逊的人。

在那个时候，禅宗在美国开始渐渐为人所知，像我这样的人也渐渐被僧袍、寺院、仪式等事物所吸引。就是这个穿着普通衣服的小老太，在房子的后门处欢迎你进入她的客厅就坐。从外表来看，她没有什么让人印象深刻的。事实上，我不觉得我能够真正理解她所传授的东西，直到后来她建议我去一座寺院进行一次长时间的闭关修行，那是我第一次去静修营。当我从那个相当严格的静修营回来时，我深受冲击。我想："我的天哪，这里有一些什么样的东西啊，不可思议。在这个小老太的客厅和厨房里同样充满着法性，或许比我参加的那个静修营有着更多的法性。"这种感受我不能很好地表达出来，但它确实令我感到震惊。她是如此谦逊，我认为绝大多数人都因此而错过了她。他们错过了她，错过了她所是的，还错过了她所传授的东西。

塔米： 虽然你是基于自己对真实修行和书写试验的

发现的特有方式来传法,但你有没有觉得你是传承的一部分?你是否感到自己在延续传承?

阿迪亚:实际上,很大程度上我就是在这样做。她在我心里有一个很深的位置,我深感自己是她传承的一部分。

她讲过一个关于她第一次坐着传法的故事。当然,没有人出现。但是每个星期天早上她还是一直坐在她的客厅里。一次有个人对她说:"嗨,你这样一定很孤独,一定很艰难。"她说:"没有。每次我坐在那里,我可以感觉到而且几乎可以看到所有的传承者都在我面前。我可以感觉到。"在我作为一个老师所教的第一个静修营里,我记得自己坐在那里体会到了完全相同的体验。我感觉自己就像坐在冰山的顶端,这座冰山就是那些慈悲的传承者所组成的,他们尽其所能将火种传递下去。所以我深感自己是那个传承的一部分。我切身感受到了我从她那里获得的传承，传承的不仅仅是开悟，还有她无比正直的人性，感觉似乎她以某种充满能量的方式将它直接交给了我。她具有这么多正直的秉性，当然她也非常优雅。她毫不做作，在她身上没有任何虚假的东西。我花了好多年的时间才看清，她的这种品性让我渐生好感，也一直慢慢渗透到我的骨髓中。我缺乏她的那种优雅，但是我能感受到她的正直栖身在我身体的某个地方，从能量上感觉上去就像她本人。或许她给我最多的，就是这个。

塔米：你是否担心那条实际上将你带到目前状况的道途并不是你所教的道途？

阿迪亚：没什么好担心的。我所教的道途就是将我带到目前状况的道途。我带领的静修营每天总是分五到六个时间段用于静坐。但是我发现，当我不仅仅依赖于坐禅的时候，我的灵性就开始起飞。虽然我一直没有放弃坐禅，但是在某个时间点上发生了一次转折，使我不再完全依赖于坐禅。我发现，坐禅对我没有任何作用。我并没有完全排斥它，但是另外一个因素开始加入了，那就是质询。我开始质询几乎每一件事。我开始非常深入、非常专注地看待事物。

当然，开悟总是自发的。没有什么步骤可以让你醒悟过来。但是在我回顾的时候，我看到两件事——安静和静默以及对自己毫不留情的诚实：不欺骗自己、不告诉自己那些我自以为了解其实并不了解的事情、以质询的眼光看待事物。过了一段时间，这两个方向一起渐渐形成了我个人的灵修之路。而这两者共同构成了我所教的内容。

塔米：这么说来，你是否在教导大家一条通向灵修之路？

阿迪亚：是的。一条无路之路（大笑）。但是没错，你可以说它是一条道路。它不是"一加二等于三"那样的一条路，也不是"只要继续往前走就会到达山顶"那样的一条路。从某种意义上来说，它不是一条让你产生前进感的路，而是一种跟经验相处的途径，是一种跟你自己相处并事实上会扰乱你的自我的途径。不管你知道还是不知道，意识到还是没有意识到，这条路事实上会瓦解你。静默会瓦解你，但是对大多数人而言，静默是不够的。只坐禅是不够的。还有一种更为积极的瓦解，那就是直接质疑和质询。

塔米：在你的静修营中，你经常建议人们运用那个"我是什么"的问题去质询，我以前从未听说过这样的建议。大部分教自我质询的人都建议学生用那个"我是谁"的问题来修行。

阿迪亚：对我来说，"我是谁"从未奏效。虽然对有些人很有效,但是对我来说"我是谁"在暗示一个身份。"我是什么"对我来说感觉上去似乎是一个更为开放的问题。

塔米: 你不在乎人们来到你的静修营在静坐期间无精打采、垂头丧气吗?我对此很好奇,因为它跟我受到的训练背道而驰。

阿迪亚: 它跟我所受的训练也背道而驰。

塔米: 但你为什么不在乎这一点?我们不是想要以一种让我们保持开放和警觉并可以让我们体内的能量通道保持自由流通的方式来静坐吗?

阿迪亚: 事实上并非如此(笑)。我这样说是因为我看到很多人在无精打采的时候开悟了(笑)。我总是运用我所观察到的以及我的直接经验。为了开悟，你必须以莲花的姿势坐着，必须挺直脊梁吗？不。你只需通过观察，只需看看实际上所发生的，而不光是修行传统上所说的。对我来说越来越清楚的一点是，那样的坐姿对开悟并不是必需的。以挺直的姿势坐着是否在某些事情上是有用的？当然它对某些事情是有用的。它可以打开某些通道，就像你提到的那样，有些姿势是更为开放的姿势。这当然没错。但是通过我的禅宗背景所发现的是，很多人过于将注意力集中于正确的姿势，以至于他们虽然以一个非常开放的姿势坐着——莲花姿加上正确的手印，虽然从外面看一切都没错，但是他们的内在态度实际上却很紧绷、很封闭。在我看来，真正重要的是内在的态度。如果态度和姿势是一体的，那它才是有效的。但是我们经常过于强调姿势，姿势或许是对的，但是态度没有开放。正是内在的态度才具有决定性的力量。有人教导说，姿势正确了，态度自然会正确，但事实并非如此，至少对大部分人并非如此。

塔米：许多禅修老师会跟初学者一起做一些禅定练习。一旦人们熟悉了基本的禅定练习，他们就会放松一点，再继续探索。我相信许多禅修老师都是从禅定练习开始教起的，因为他们担心学生会把全部时间都耗费在不断旋转在脑中的杂念上，而非禅修上。

阿迪亚：很可能如此。

塔米：你不害怕在你的静修营里人们因为没有受到禅定方面的训练而坐在那里迷失在杂念中吗？

阿迪亚：我发现的是，有许多次，人们出现在静修营，他们要么从来没有坐禅过，要么就是不属于坐禅传统。不论哪种情况，他们都需要一段时间来了解我所教的内容。当然，当人们停止操控时，他们的头脑在一段时间内确实会杂念丛生。静修营的人们常常会来到我这里寻找控制杂念的办法。我发现，他们越是坚持不操控，最终——通常不是指数年或数月——事情会以一种自然的方式安定下来。当然，人们问我："我可以持续念诵吗？我可以观照我的呼吸吗？"我会说："可以，如果你觉得那样做有帮助，就那样做好了。如果那对你有效，就去做。只是，往那个方向行动的状况需要逐渐被减少，越来越少，越来越少。"

我所发现的是，虽然理论上有一个你可以学习的禅定练习，你可以在后期将它放下，但是大部分人并不能真正放下。如果你花10年时间训练自己去操控你的经验，那么这种行为会变成你意识上的一个深深的刻痕。要放下它事实上是相当困难的。理论上它应该那样运作，但是事情常常并不是那样发生的。

我觉得有时候人们有一种恐惧，甚至有些老师也有一种恐惧——虽然我并不确定,如果你真正在一段时间内放任人们的头脑杂念丛生,或者人们真正不去操控他们的经验,那么他们的头脑可能会永不停歇,或者可能会迷失在某处。但是我不断地发现:自然的状态会渐渐地到来。铃木禅师说,控制一头奶牛的最好办法就是给它一个非常非常大的场地,不要用篱笆把它控制得太紧。从某种意义上说,我觉得这正是我所做的。创造一个足够大的场地,最后头脑才不会试图从中逃脱。重复一次,这跟人们习惯的过程是不同的,但是我一再发现,人们来到静修营,在一天或两天或三天(有时候四天)内,一种放松下来和平静下来的过程就会自然地发生。

塔米:你不担心人们会昏昏沉沉、无所事事,而不是在坐禅吗?

阿迪亚:我不担心。在这个方面我感觉我跟很多老师不一样。我从不把自己看成是某个学校里的老师或某个人的家长。我在这里是跟那些真正认真对待开悟的人讲话。如果他们没有那种认真,那么他们就是跟错了人。因为我不打算教给他们认真,我不打算耗费很多能量试图让他们装作很认真的样子。我知道那些事情,在很多修行传统中,老师总想试着使学生变得认真。我并不是说那有什么错,只是对我而言事情不是那样发生的。我的态度是,如果你是认真的,那么你的认真将会成为你生活中真正巨大的推动力量。如果你不认真,那么所有姿势,所有这个和那个都不会有什么真正的效果。所以,如果你想要坐在草坪的椅子上,整天望着天上的云朵,那是你的事情。你明白我的意思吗?如果那是你想要做的,那么你就会那样做。如果你问我,我不会假装说那是认真的,我不会假装说那样会导向开悟。但是我不去改变人们想要的。我在这里,如果你真的想要真相,那么我们可以谈一谈。认真与否完全取决于你,而非我，它跟你有关。你会因为你自己的认真程度而沉浮。如果你具备认真的态度，很好。如果你不具备，我不打算来拯救你。从这个意义上来说，我真的不做照看小孩的事情。

塔米：对那些在追寻真理道路上半心半意的人，你会说些什么？

阿迪亚：我觉得大部分人在追寻真理时确实会有那样的感受。他们有一种一分为二的感觉。通常我对他们的建议是，向内看自己并作一次真正深入的质询，对他们真正想要的东西作一次开放性的质询。就像我经常说的那样，不要使之成为你认为你应该想要的，或者一个教导告诉你应该想要的。真正地去探察你确确实实想要的。

这种质询只能在没有什么是"应该"的情况下发生，只能在对你应该想要什么没有预设概念的情况下发生。

这就是我说的正直：愿意真正地为自己找到真相。我发现的是，如果一个人真正去内观并坚持这一观照，去看清他们真正想要的，这在他们通往合一之地的道路上会带给他们更多。这样的探询会自然地将他们带到那里。而对我来说，这比试图通过训练来达到合一之地要好得多。因为人们听到那样一种教导——你必须比想要其他一切更迫切地想要开悟，这是对的，但是你无法一路上假装，你不能伪装你的道路。因为你无法欺骗你自己的情感雷达。我觉得很多人正是在那样做——他们听到那个教导，然后就假装他们处在一个自己并不在的位置上。

我在各处的教学采用的是一种完全不同的方式。因为我知道，如果人们深入内观，他们就会发现他们确实想要获得真相。我知道如果他们内观足够深，那就是他们将会发现的。因为那是他们存在的土壤，也是他们的自我的核心。即便是自我，在其最深处，也是想要真相的。

塔米： 你所说的这点——自我的核心想要真相——是什么意思？我以为我的自我想要的是诸如名誉、权力、金钱和控制等事情。

阿迪亚： 确实是这样。自我也想要所有那些东西，但是所有那些东西实际上是相当表面的。那些是表面需要，表面欲望。当然，自我想要所有那些东西。但是如果你走进自我足够深，深入到其核心，事实上你会碰到真相，你遇到了神性。神性的火花就在自我的核心里。

这就是为什么很多时候我所做的就是给自我提供很多空间。人们会对我说："我不认为我想要真相，我想要做这个或拥有那个。"我会说："去得到它，去做吧。"你告诉一个人："你可以做任何你想做的，你可以想要任何你想要的，继续，我不在意，上帝也不在意，没有人会认为你错了，除了一个念头，在整个宇宙中没什么认为你想要得到你想要的有什么错。所以，继续往前走。"

一旦你这样告诉他,你会发现结果很神奇。有时候当你给予一个人完全的准许,一些内在更深层次的东西便会浮上表面。突然之间他们想到了:"现在真正感到我可以想要任何我想要的,我猜我并不真正想要我认为我想要的。现在我得到了那个准许,现在我想要什么都可以,包括宇宙、上帝、上师、神性和一切,我甚至并不真正确定那就是我确实想要的。"因为很多表面上自我想要的东西都是被一种"这些需要是不可以"的感觉所固化。这是一种青春期行为。只要能够让父母发疯,青少年就想要染黄他们的头发。但是如果父母毫不介意黄发,他们就不再会将头发染黄,不是吗?于是染发就不再是什么神秘的事,也就失去了吸引力。但是在他们发现那是可以的之前,它就成了世界上最重要的事情了。

  我明白,跟通常的修行方法相比,我是在反其道而行之。我的方法是要帮助人们真正跟他们的正直相联接,因为只有在人们跟自己的正直有接触的时候,你才能获得真正的悟性。如果他们陷入应该或不应该中，就无法获得悟性。

塔米： 有时候当我听到人们讲到他们的本性如何就是觉知本身时，在我看来这些空洞的言辞，实质上是一种灵性的逃避。我可以看出这个人充满着愤怒，或者带着崩溃的神经，然而他们知道质询应该会达成什么，所以才这么说。

阿迪亚： 这就是我让人们坐禅的原因之一。我把它看成是真相时间。如果你安静地坐一段时间，你的否认迟早会开始崩溃，因为坐在那里就发生的事情对自己撒谎是一件很痛苦的事。在我们的静修营中，人们迟早会站出来，开始谈论他们身上一直存在的恐惧，或者从未看清的和未曾解决的问题，或者依然对之满怀愤怒的20年前的一个事实。静默地坐着就已足够。一段时间之后，这会让人们崩溃。那就是我教质询和坐禅的原因之一。如果人们认为他们已经悟到了自己的本性，但他们不能安静地坐着而没有变疯，那么他们甚至还没有达到他们所认为的开悟的一半的程度。坐禅就像是一个将真相烤出来的烤炉。

我经常告诉人们，我没有让他们坐禅是为了让他们可以做好坐禅。当你坐禅而不操控的时候——当然，这对很多修行者来说是全新的一个做法，那么，相当自然地就会产生这样的放松，真相就会自发地出现。经常，那些被放下的东西中很多是人们一直在以灵性为由加以压制的事情。当你只是坐着而不加操控的时候，实际上就开始看到你需要看到的事情，经历你需要经历的事情。在那里等待了30年的旧经验或许会浮现上来，但只是为了被经历，不是为了被解决或者被分析，只是为了被有意识地体验到。随着时间的推移，我发现，当这样自然的放下发生时，人们才会具备他们所需要的能量，以便走得更深。

塔米： 我听说，你说过你不相信开悟——从个性身份到觉知本身的根本转化——实际上那么稀有，而且，事实上开悟是稀有的这一信念本身是开悟的一个障碍。你认为开悟并不稀有？

阿迪亚： 不稀有。

塔米： 为什么这个信念是一个障碍？

阿迪亚： 因为几乎我们所有人都觉得我们不是那个被选中的人。在这方面，我们大部分人都觉得自己是很普通的人。如果你有意识无意识地认为开悟只是为那些超凡的人准备的，认为他们跟我们对自己的感觉是完全相反的，那么，这样的信念就可能成为开悟的最大障碍。

我们那些开悟的榜样滋长了这种信念。我们对开悟的人具有某些印象，他们被光环笼罩，长发飘飘，穿着耀眼的长袍，他们总是在作开示，总是有弟子追随，总有人围在他们的身边。这些画面到处流传，但事实并非如此。我们的头脑很难认同说我们的祖母或者杂货店的老板可以是开悟的。没必要寻找超凡。有些开悟的人很有魅力，但是你知道吗？有些没开悟的人也很有魅力。这些画面成了障碍。开悟不是变得超凡，如果一定要说，那么开悟其实只是变得平凡。开悟是成为我们真正所是的那个人。

塔米： 我认为人们相信开悟稀有的原因之一是因为他们已经修行了二三十年了，但却并没有获得你描述自己时讲到的突破，所以这里有一点愤世嫉俗的成份，相信开悟一定只是为极少数人准备的。否则，他们将不得不认为自己出了问题或者自己的人生差不多是一场失败。

阿迪亚：那是他们的头脑可以去的地方。

塔米：或者他们追随的道路没有效果。

阿迪亚：啊！这是一个更具威胁性的想法。当然，我认为是这个想法对我的开悟作出了贡献。我并不责难道路，而是反思我跟道路之间的关系。那就是为什么我鼓励人们动摇、松动，让自己质疑、更开放的原因。不要害怕质疑。了解你自己，看看什么东西不起作用。具有改变的勇气，如果什么东西不起作用就继续往前走。以纯真的眼睛去看，非常纯真，非常开放。那份纯真一直在那里，那是一种神奇的感觉。

译后记

作为一个翻译过十来本心灵类图书的译者，我发现这本小书其实颠覆了很多心灵类图书所倡导的理念。在西方，阿迪亚香提被归类为"不二论"老师，不二论起源于印度，是指以更为直白、更为彻底的方式对待修行，国内出版较多的克里希那穆提的译著也属于不二论。不二论破除了很多修行的错误假设和陷阱，关于它的译介在国内不多，所以当郭静编辑跟我约稿的时候，我欣然答应。

不二论跟国内读者比较熟悉的禅宗和老庄相映成趣，在精神实质上是一脉相承的，它们在语言表述上都有相当的困难，一方面它跟日常经验和价值观有诸多相违背的地方，另一方面它对语言的运用也是十分警惕的，生怕语言阻隔了它所传达的鲜活体验和悟性，所以你看到《道德经》开篇第一句就是"道可道，非常道"。这为读者提示了这种误读的可能性。这种情况一方面造成了翻译上的难度，另一方面也造成了阅读上的难度。因此，希望读者通过语言的表述去深入感悟作者所传达的境界和体认，而不拘泥于一词一句的表面意思。本书如若存在错谬和不妥之处，也请读者诸君不吝指正。

最后，我想感谢华夏出版社给我这个机会翻译阿迪亚香提的著作。在翻译过程中，我得到了蒋永芳、陆正芳、汤春明的大力支持和帮助，在此一并致谢。

Better系列 读者调查

感谢您参加本次读者调查活动,传真或邮寄此页(附购书小票)回编辑部,即可获得神秘礼品一份(数量有限,赠完为止)。参加此次活动者还将通过邮件不定期收到Better系列的最新出版信息,敬请期待!

Step1 您的基本资料

姓名:_____ 性别:□女 □男

年龄:□20岁及以下 □20-30岁 □30-40岁 □40-50岁 □50-60岁

电话:_____ E-mail:_____

学历:□高中(含以下) □大学 □研究生(含以上)

职业:□学生 □教师 □公司职员 □机关 □事业单位 □媒体 □自由职业

Step2 您对本书的评价

您从哪里得知本书的信息:
□书店 □报纸 □杂志 □电视 □网络 □亲友介绍 □工作坊 □瑜伽馆 □其他

读完这本书您觉得:

内容:□很吸引人 □还好 □枯燥(请说明原因)_____ □您的建议_____

封面设计:□够酷 □还好 □没注意 □不好(请说明原因)_____
□您的建议_____

价格:□偏低 □合适 □能接受 □偏高 □您的建议_____

Step3 您的建议

您喜欢哪种类型的书籍:
□经管 □心理 □励志 □社会人文 □传记 □艺术 □文学 □保健 □漫画
□自然科学 其他_____(请补充)

您不喜欢哪种类型的书籍:
□经管 □心理 □励志 □社会人文 □传记 □艺术 □文学 □保健 □漫画
□自然科学 其他_____(请补充)

您给编辑的建议:_____

华夏出版社地址: 北京市东直门外香河园北里4号 **Better**编辑部
邮编:100028　　传真:(010)64662584
Better编辑部 博 客:http://blog.sina.com.cn/betterbookbetterlife
　　　　　　　微 博:http://weibo.com/1617597092